Ogbu Chinyere Joy
Ezeala Freeman

# Chrysophyllum albidum

Ogbu Chinyere Joy
Ezeala Freeman

# Chrysophyllum albidum

## Avaliação do Chrysophyllum albidum como aditivo alimentar na dieta de frangos de carne e possível ação antimicrobiana

ScienciaScripts

**Imprint**

Any brand names and product names mentioned in this book are subject to trademark, brand or patent protection and are trademarks or registered trademarks of their respective holders. The use of brand names, product names, common names, trade names, product descriptions etc. even without a particular marking in this work is in no way to be construed to mean that such names may be regarded as unrestricted in respect of trademark and brand protection legislation and could thus be used by anyone.

Cover image: www.ingimage.com

This book is a translation from the original published under ISBN 978-620-4-74014-0.

Publisher:
Sciencia Scripts
is a trademark of
Dodo Books Indian Ocean Ltd. and OmniScriptum S.R.L publishing group

120 High Road, East Finchley, London, N2 9ED, United Kingdom
Str. Armeneasca 28/1, office 1, Chisinau MD-2012, Republic of Moldova, Europe
Printed at: see last page
**ISBN: 978-620-7-76180-7**

# CAPÍTULO UM

## 1.0 Introdução:

As exigências nutricionais dos frangos de carne estabelecidas pelo National Research Council (NRC) têm sido questionadas quanto à sua eficácia, uma vez que as características de crescimento dos frangos de carne têm mudado ao longo do tempo [1]. As limitações da duração fixa das fases de alimentação recomendadas pelo NRC levaram à introdução de programas de alimentação alternativos, tais como alimentação alternada, faseada, sequencial, de escolha, dupla e subsequente [1] .

O recente aumento do custo dos alimentos para aves de capoeira no país tem forçado os agricultores a racionarem os alimentos para aves de capoeira [2]. Os resultados mostraram que o custo dos ingredientes para a composição dos alimentos para aves de capoeira, em particular o milho, aumentou 100%. Como isto continuou a aumentar, há um interesse considerável na utilização de sementes de plantas subutilizadas como fontes potenciais de alimentos para animais. O valor nutricional de qualquer ingrediente ou alimento pode ser avaliado por meio de resultados biológicos, químicos e físicos [3]. As plantas são fontes primárias de medicamentos, alimentos e abrigos utilizados pelos seres humanos diariamente, as suas raízes, folhas, frutos e sementes fornecem frequentemente alimentos para os seres humanos e rações para os animais [4]. Devido ao fornecimento inadequado de proteínas alimentares, tem havido uma procura constante de leguminosas não convencionais como novas fontes para utilização como suplementos funcionais [5]. Mas a maioria destas sementes e leguminosas não convencionais está em pousio devido à falta dos seus valores nutricionais e composição em metais pesados. A maçã estrela africana, conhecida botanicamente como Chrysophyllum albidum, pertence à família das sapotáceas. É um fruto tropical distribuído principalmente nas zonas de floresta tropical de terras baixas e frequentemente encontrado nas aldeias. É popularmente designado por Udara em Igbo, Agbalumo em Yoruba, Agwaluma em Hausa e Otien em Edo. É comum nos centros urbanos e rurais da Nigéria, especialmente durante os meses de dezembro a abril, quando a maioria dos cereais ortodoxos para a formulação de rações são geralmente escassos. Contém 4 a 5 sementes achatadas ou, por vezes, menos devido ao aborto de sementes.

## 1.1 Antecedentes do estudo:

O aumento global da procura de produtos avícolas c o n d u z i u seriamente ao aumento do custo dos alimentos para animais [2]. Para minimizar os custos, os agricultores são confrontados com a tarefa de procurar exaustivamente suplementos alimentares alternativos a partir de partes de plantas e sementes. No entanto, a utilização das sementes da maçã estrela africana continua a ser tradicional e subutilizada. As sementes são geralmente deitadas fora ou enfiadas como tornozeleiras para dançar ou para jogar jogos ao ar livre [6], após o que são deitadas fora, provavelmente devido à falta de informação sobre as sementes. O presente estudo procura avaliar o potencial do cotilédone da semente da maçã estrela africana como potencial fortificante de rações e o seu potencial como medicamento útil.

## 1.2 Alimentos para aves de capoeira:

Os alimentos para aves de capoeira são alimentos para as aves de capoeira de criação, incluindo galinhas, patos, gansos e outras aves domésticas [7]. Antes do século XX, as aves de capoeira eram maioritariamente mantidas em explorações agrícolas gerais e procuravam a maior parte da sua alimentação, comendo insectos, grãos derramados pelo gado e cavalos e plantas da quinta. À medida que a agricultura se tornou mais especializada, muitas explorações mantiveram bandos demasiado grandes para serem alimentados desta forma, e foram desenvolvidos alimentos nutricionalmente completos para aves de capoeira. As rações modernas para aves de capoeira consistem maioritariamente em cereais, suplementos proteicos como a farinha de óleo de soja, suplementos minerais e suplementos vitamínicos. A quantidade de alimentos e as necessidades nutricionais dos alimentos dependem do peso e da idade das aves de capoeira, da sua taxa de crescimento, da sua taxa de produção de ovos, do clima (o tempo frio ou húmido provoca um maior dispêndio de energia) e da quantidade de nutrientes que as aves obtêm através da procura de alimentos. Isto resulta numa grande variedade de formulações de rações. A substituição de ingredientes locais menos dispendiosos introduz variações adicionais [8].

## 1.3 Componentes básicos da nutrição das aves de capoeira:

### 1.3.1 Água:

A água é frequentemente negligenciada, mas é um dos nutrientes mais importantes. Um animal pode viver mais tempo sem comida do que sem água. Num bando de poedeiras, uma falta de água durante apenas algumas horas pode resultar numa redução da produção de ovos, pelo que a água limpa deve estar sempre disponível. Se não utilizar sistemas automáticos de água, encha os bebedouros duas vezes por dia. Se os bebedouros forem enchidos apenas de manhã, as aves podem ficar sem água ao meio-dia. Uma galinha poedeira bebe cerca de 25% da sua ingestão diária de água durante as últimas duas horas de luz do dia [9]. A água desempenha um papel importante no corpo de um animal. A água amolece os alimentos e transporta-os através do trato digestivo. Como componente do sangue (90% do conteúdo sanguíneo), a água transporta os nutrientes do trato digestivo para as células e elimina os produtos residuais. A água também ajuda a arrefecer a ave através da evaporação. (As aves não têm glândulas sudoríparas, pelo que a sua perda de calor ocorre nos sacos aéreos e nos pulmões através da respiração rápida)[10]. Um pinto bebé é composto por cerca de 80% de água. Embora esta percentagem diminua à medida que a ave envelhece, a necessidade de água mantém-se. Não existe uma quantidade exacta de água necessária porque há vários factores que afectam a quantidade de água de que uma ave necessita: idade, condição corporal, dieta, temperatura, qualidade da água e humidade. Como regra geral, as aves de capoeira consomem duas vezes mais água do que ração [9].


### 1.3.2 Hidratos de carbono:

Os hidratos de carbono (compostos com carbono, hidrogénio e oxigénio) são uma fonte de energia para os animais e constituem a maior parte da dieta das aves de capoeira. Os hidratos de carbono são normalmente consumidos sob a forma de amido, açúcar, celulose e outros compostos não amiláceos. Normalmente, as aves de capoeira não digerem bem a celulose e os compostos sem amido, designados por fibra bruta. No entanto, as aves de capoeira são capazes de utilizar bem a maior parte dos amidos e açúcares. As fontes importantes de hidratos de carbono na alimentação das aves de capoeira incluem o milho, o trigo, a cevada e outros cereais [9].

### 1.3.3 Gorduras:

As gorduras têm, em peso, duas vezes e um quarto das calorias dos hidratos de carbono. As gorduras fornecem nove calorias de energia por grama, enquanto que os hidratos de carbono fornecem apenas quatro. À temperatura ambiente, as gorduras saturadas são sólidas e as gorduras insaturadas são líquidas. Exemplos de gorduras saturadas que podem ser utilizadas nas dietas das aves de capoeira incluem o sebo, a banha, a gordura de aves de capoeira e a gordura branca. Exemplos de gorduras insaturadas utilizáveis incluem óleo de milho, óleo de soja e óleo de canola. As fontes comuns de gordura suplementar em alimentos para aves de capoeira produzidos comercialmente incluem gordura animal, gordura de aves de capoeira e gordura amarela. O elevado custo dos óleos vegetais torna a inclusão destas gorduras nas dietas das aves de capoeira pouco económica [9]. As gorduras são constituídas por compostos mais pequenos chamados ácidos gordos. Os ácidos gordos são responsáveis pela integridade das membranas celulares e pela síntese hormonal. Embora existam muitos ácidos gordos diferentes, as aves de capoeira têm uma necessidade específica de um - o ácido linoleico - pelo **que** este deve ser incluído na dieta. O ácido linoleico é considerado um ácido gordo essencial porque as aves não o podem gerar a partir de outros nutrientes (por exemplo, convertendo um ácido gordo noutro) [9][11].
A gordura deve estar presente na alimentação para que as aves de capoeira possam absorver as vitaminas lipossolúveis A, D, E e K. Para além do seu papel na nutrição, a gordura é adicionada aos alimentos para reduzir a poeira dos cereais. A adição de gordura também melhora a palatabilidade dos alimentos (ou seja, torna-os mais apetecíveis). As gorduras, incluindo as incorporadas nos alimentos para animais, têm tendência para se estragarem ou ficarem rançosas. Trata-se de um problema que ocorre durante todo o ano, mas o risco de os alimentos ficarem rançosos é ainda maior no verão (estação das chuvas, normalmente de abril a outubro). Para evitar que os alimentos fiquem rançosos, são adicionados antioxidantes às dietas das aves de capoeira que contêm gordura adicionada. Um antioxidante comum indicado nos rótulos dos alimentos para animais é a etoxiquina [9].


### 1.3.4 Proteínas:

As proteínas são compostos complexos constituídos por unidades mais pequenas denominadas aminoácidos. Depois de uma ave consumir proteínas, o processo digestivo decompõe a proteína em aminoácidos. Os aminoácidos são então absorvidos pelo sangue e transportados para as células que convertem os aminoácidos individuais nas proteínas específicas de que o animal necessita. As proteínas são utilizadas na construção dos tecidos do corpo, tais como músculos, nervos, cartilagens, pele, penas, bico, etc. A clara do ovo também é rica em proteínas [9][10]. Basicamente, os aminoácidos são classificados como essenciais (indispensáveis) ou não essenciais (dispensáveis). Os aminoácidos essenciais devem ser fornecidos nos regimes alimentares das aves de capoeira, dos suínos e dos aquáticos. Estes aminoácidos não podem ser sintetizados pelo organismo; por conseguinte, têm de ser adicionados à dieta dos animais sob a forma de suplementos. Os aminoácidos não essenciais, no entanto, podem ser sintetizados pelo corpo em quantidades adequadas, portanto, não precisam ser adicionados à dieta do animal [8][11].Os aminoácidos essenciais incluem: Metionina, Arginina, Treonina, Triptofano, Histidina, Isoleucina, Leucina, Lisina, Valina e Fenilalanina.Os aminoácidos não essenciais incluem: Alanina, Tirosina, Serina, Prolina, Glutamina, Ácido Glutâmico, Ácido Aspártico, Glicina, Asparagina e Cisteína. No entanto, é necessário notar que todos estes aminoácidos são importantes e, por conseguinte, muito cruciais para que o animal cresça e tenha um desempenho satisfatório [12]. Esta informação não diz nada sobre a qualidade da proteína utilizada. A qualidade da proteína baseia-se na presença dos aminoácidos essenciais. Para as aves de capoeira, a metionina e a lisina são os dois aminoácidos mais críticos. As carências de qualquer um deles conduzem a uma queda significativa da produtividade e da saúde do bando. As dietas comerciais para aves de capoeira contêm normalmente suplementos de metionina e lisina. Devido a estes suplementos, os alimentos podem conter menos proteínas totais; sem os suplementos, os alimentos teriam de conter quantidades excessivas de outros aminoácidos para satisfazer as necessidades de metionina e lisina [9][11]. As principais fontes de proteína nas dietas das aves de capoeira são as proteínas vegetais, como a farinha de soja, a farinha de canola, a farinha de glúten de milho, etc. As proteínas animais utilizadas incluem a farinha de peixe e a farinha de carne e ossos. A farinha de peixe só pode ser utilizada em quantidades limitadas (menos de 5% da composição total da dieta) ou dará à carne e aos ovos das aves um sabor a peixe [9].

### 1.3.5 Minerais:

Os minerais desempenham um papel na formação óssea, mas também são necessários para várias outras funções importantes, incluindo a formação de células sanguíneas, a coagulação do sangue, a ativação de enzimas, o metabolismo energético e a função muscular adequada [11][9].Os minerais são normalmente classificados como macrominerais ou microminerais. As aves de capoeira necessitam de níveis mais elevados de macrominerais e níveis mais baixos de microminerais nos seus regimes alimentares. Os microminerais incluem o cobre, o iodo, o ferro, o manganês, o selénio e o zinco. Embora as aves de capoeira tenham menores necessidades de microminerais, estes minerais desempenham papéis essenciais no metabolismo do corpo. O iodo, por exemplo, é necessário para produzir as hormonas da tiroide que regulam o metabolismo energético. Do mesmo modo, o zinco está envolvido em muitas reacções enzimáticas no organismo e o ferro ajuda no transporte de oxigénio no organismo [9]. Os macro-minerais incluem o cálcio, o fósforo, o cloro, o magnésio, o potássio e o sódio. Muitas pessoas estão familiarizadas com o papel do cálcio na formação adequada dos ossos e na qualidade da casca do ovo, mas o importante papel do cálcio na formação do coágulo sanguíneo e na contração muscular é menos conhecido. O fósforo é importante no desenvolvimento ósseo, faz parte das membranas celulares e é necessário para muitas funções metabólicas. O cloro é importante na formação de ácido clorídrico no estômago, desempenhando assim um papel na digestão. O sódio e o potássio são electrólitos importantes para as funções metabólicas, musculares e nervosas. O magnésio também ajuda nas funções metabólicas e musculares [9][10]. Os cereais são pobres em minerais, pelo que são adicionados suplementos minerais aos alimentos comerciais para aves de capoeira. O calcário ou as conchas de ostras são fontes comuns de cálcio. O fosfato di-cálcico é uma fonte comum de fósforo e cálcio. Os microminerais são geralmente fornecidos numa pré-mistura mineral [11][9].

### 1.3.6 Vitaminas:

As vitaminas são um grupo de compostos orgânicos de que as aves de capoeira necessitam em pequenas quantidades. Apesar dos baixos níveis de necessidades, as vitaminas são essenciais para as funções normais do corpo, o crescimento e a reprodução. A carência de uma ou mais vitaminas pode levar a uma série de doenças ou síndromes [9][10][11].As vitaminas dividem-se em duas categorias: lipossolúveis e hidrossolúveis. As vitaminas lipossolúveis são a A, a D, a E e a K. A vitamina A é necessária para o crescimento e desenvolvimento normais do tecido epitelial (pele e revestimentos dos tractos digestivo, reprodutivo e respiratório) e para a reprodução. A vitamina D3 é necessária para o crescimento normal, o desenvolvimento ósseo e a formação da casca do ovo. A vitamina K é essencial para a formação de coágulos sanguíneos [9]. As vitaminas solúveis em água incluem a vitamina C e as vitaminas B. As vitaminas B incluem a vitamina

B12, a biotina, a folacina, a niacina, o ácido pantoténico, a piridoxina, a riboflavina e a tiamina. As vitaminas B estão envolvidas em muitas funções metabólicas, incluindo o metabolismo energético. As aves de capoeira podem produzir vitamina C, pelo que não existe uma necessidade dietética estabelecida para esta vitamina. No entanto, a suplementação com vitamina C demonstrou ser útil quando as aves estão stressadas [9].Algumas vitaminas são produzidas por microrganismos no trato digestivo. A vitamina D pode ser produzida quando a luz solar atinge a pele da ave. Outras vitaminas têm de ser fornecidas porque não são formadas pelas aves. Muitas vitaminas essenciais são parcialmente fornecidas por ingredientes alimentares como a farinha de luzerna e o solúvel seco de destilação. Normalmente, utiliza-se uma pré-mistura vitamínica para compensar os níveis flutuantes de vitaminas que se encontram naturalmente nos alimentos e para assegurar níveis adequados de todas as vitaminas [9][11].

### 1.3.7 Anti-nutrientes:

Os antinutrientes ou factores antinutricionais podem ser definidos como as substâncias geradas nos alimentos naturais pelo metabolismo normal das espécies e por diferentes mecanismos (por exemplo, inativação de alguns nutrientes, diminuição do processo digestivo ou da utilização metabólica dos alimentos) que exercem um efeito contrário a uma nutrição óptima [13]. Os factores antinutricionais são substâncias que, por si só ou através dos seus produtos metabólicos, interferem com a utilização dos alimentos ou afectam a saúde e a produção dos animais, ou que actuam para reduzir a ingestão, a digestão, a absorção e a utilização de nutrientes e podem produzir outros efeitos adversos [14]. Existe uma ampla distribuição de constituintes biologicamente activos em todo o reino vegetal, particularmente nas plantas utilizadas na alimentação animal e na nutrição humana [15]. Muitos componentes vegetais e sementes de leguminosas e outras fontes vegetais contêm, no seu estado bruto, uma grande variedade de anti-nutrientes potencialmente tóxicos [16]. Os factores anti-nutricionais são compostos químicos sintetizados em alimentos naturais e/ou alimentos para animais pelo metabolismo normal das espécies. Estes factores antinutricionais são também conhecidos como "metabolitos secundários" nas plantas e demonstraram ser altamente activos do ponto de vista biológico [17]. Os factores antinutricionais (ANF) são compostos que reduzem a utilização de nutrientes e/ou a ingestão de alimentos de plantas ou de produtos vegetais utilizados na alimentação humana ou animal e desempenham um papel vital na determinação da utilização de plantas para seres humanos e animais [18]. A toxicidade devida ao consumo de várias forragens é muito comum entre os animais de criação. Os factores anti-nutricionais presentes nos alimentos para aves de capoeira incluem: taninos, saponinas, fenólicos, filatos, oxalatos, alcalóides, nitratos, etc.

## 1.4 Chrysophyllum Albidum:

### 1.4.1 Descrição:

A Chrysophyllum albidum (C. albidium), vulgarmente designada por maçã branca, pertencente à família das Sapotaceae (que tem até 800 espécies), é uma espécie arbórea das florestas tropicais de planície que atinge 25 a 37 m de altura na maturidade com um perímetro que varia de 1,5 a 2 m [19]. O botânico escocês George Don descreveu-a como uma árvore de fruto florestal [20].
É comum em todas as regiões tropicais da África Central, Oriental e Ocidental e noutras partes do mundo [21]. Quando está maduro, o fruto é ovoide a sub-globoso, pontiagudo no ápice, com até 6 cm de comprimento e 5 cm de diâmetro. A casca é alaranjada a amarelo dourado quando madura e a polpa dentro da casca pode ser alaranjada, rosada ou amarelo claro. No interior da polpa encontram-se três a cinco sementes que, normalmente, não são consumidas. O invólucro das sementes é duro, ósseo, brilhante e castanho-escuro e, quando quebrado, revela cotilédones de cor branca. O fruto (Fig.1.1) é sazonal (geralmente entre os meses de dezembro e março). A planta é uma cultura de valor comercial na Nigéria [22]. As sementes também são utilizadas para jogos locais ou descartadas. A polpa carnuda do fruto é adequada para compotas e é consumida especialmente como lanche por muitos habitantes locais [23].

**Figura 1.1: Imagem do fruto e da semente de Chrysophyllum albidum**
**Fonte:         Akin-Osanaiye et al. [24]**

## 1.5 Declaração do problema:

O elevado custo dos produtos avícolas em resultado do aumento dos alimentos convencionais na Nigéria não passou despercebido [2]. Isto, por sua vez, induziu um aumento do preço de outros produtos inter-relacionados que, em parte, conduziu a um declínio do consumo de frango e a um elevado nível de vida em geral. Por conseguinte, esta investigação procura explorar o potencial da utilização do cotilédone de sementes de Chrysophyllum albidum como aditivo alimentar para aves de capoeira.

## 1.6  Motivação do estudo:

A investigação é motivada pela disponibilidade anual de sementes de Chrysophyllum albidum gratuitamente, uma vez que as sementes são normalmente deitadas fora ou enfiadas como tornozeleiras em danças ou jogos ao ar livre [6], após o que são deitadas fora, provavelmente devido à falta de informação sobre o potencial das sementes. Em segundo lugar, a transformação do cotilédone da semente em aditivo alimentar útil requer pouco ou nenhum custo e o processo não é complicado.

## 1.7   Objetivo e finalidade do estudo:

### 1.71 Objetivo do estudo:

O objetivo do estudo é avaliar a utilização do cotilédone de sementes de maçã estrela africana como aditivo eficaz na alimentação das aves de capoeira, de modo a reduzir o custo da alimentação das aves de capoeira e o seu potencial como medicamento.

### 1.7.2 Objetivo do estudo:

Na indústria avícola, a avaliação dos alimentos para animais é um processo fundamental, uma vez que fornece diferentes tipos de informação, conforme exigido pelo nutricionista e pelos agricultores, sobre o valor nutritivo real dos alimentos para animais [18]. No entanto, os objectivos desta investigação são os seguintes

I.  Efetuar a análise proximal do cotilédone das sementes de Chrysophyllum albidum

II. Determinar a composição em metais pesados das sementes

cotilédone

III. Analisar a sua composição em minerais nutritivos

IV. Descobrir o teor e a composição das vitaminas no cotilédone das sementes.

V. Determinar o teor de anti-nutrientes no cotilédone das sementes

VI. Verificar a toxicidade do cotilédone de sementes nas aves de capoeira.

VII. Para determinar a atividade antimicrobiana dos extractos de sementes


## 1.8   Âmbito e limitações do estudo:

Este estudo limita-se à avaliação do cotilédone da semente de Chrysophyllum albidum como aditivo alimentar na dieta de frangos de carne com um mês de idade e também à análise antimicrobiana dos extractos do cotilédone da semente. Devem ser realizadas mais investigações sobre a utilização de frangos de carne com um dia de idade e também sobre o isolamento e a caraterização do extrato de sementes com base na análise antimicrobiana.

# CAPÍTULO DOIS

## REVISÃO DA LITERATURA

### 2.0 Chrysophylum Albidum como aditivo alimentar na dieta de frangos de carne:

Os promotores de crescimento e os novos aditivos para a alimentação animal deram origem a uma nova era na produção avícola. São considerados como armas poderosas para materializar a melhoria do estado de saúde e do desempenho da produção dos bandos de aves, aumentando assim os retornos económicos líquidos e a eficiência da produção animal [25]. Esta era induziu os avicultores a embarcarem numa busca minuciosa de complementos e suplementos, principalmente de partes de plantas, como aditivos alimentares. Isto é para anular o recente aumento do custo da alimentação das aves de capoeira [26] no país.

É neste sentido que a avaliação do cotilédone de sementes de Chrysophyllum albidum (maçã branca) como potencial aditivo alimentar que a literatura neste estudo procura contribuir. Chrysophyllum albidum é uma espécie arbórea autóctone cujas sementes são subaproveitadas. Na segunda parte, são revistos tópicos seleccionados sobre aditivos alimentares, potenciais aditivos alimentares do cotilédone de sementes de Chrysophyllum albidum sob os seguintes oito subtítulos principais.

1. Aditivo para alimentação animal - a sua definição, necessidade de aditivo para alimentação animal, suas características e regulamentos da UE
2. Classificação dos aditivos para alimentação animal

3. A árvore Chrysophyllum albidum e os seus produtos,

4. Valor nutritivo dos seus frutos; e

5. Cotilédone de semente de Chrysophyllum albidum.


### 2.1 Significado de Feed Additive:

A utilização de aditivos na alimentação animal começou nos anos quarenta para melhorar as características organolépticas das matérias-primas, forragens e/ou produtos animais, para prevenir doenças e para melhorar a eficiência da produção, diminuindo a mortalidade e estimulando o aumento de peso nos anos quarenta [27][28].

De acordo com a Autoridade Europeia para a Segurança dos Alimentos (EFSA), os aditivos para a alimentação animal são produtos utilizados na nutrição animal com o objetivo de melhorar a qualidade dos alimentos para animais e a qualidade dos géneros alimentícios de origem animal, ou para melhorar o desempenho e a saúde do animal, por exemplo, proporcionando uma maior digestibilidade das matérias-primas para a alimentação animal [29]. A AFCO (American Feed Control Officials) define aditivo para a alimentação animal como "um ingrediente ou uma combinação de ingredientes adicionados à mistura básica de alimentos para animais para satisfazer uma necessidade específica, normalmente utilizado em micro quantidades e que requer uma manipulação e mistura cuidadosas [30].

Os aditivos para a alimentação animal são substâncias, microrganismos ou preparações, com exceção das matérias-primas para a alimentação animal e das pré-misturas, que são intencionalmente adicionados aos alimentos para animais ou à água a fim de desempenhar, nomeadamente, uma ou mais das seguintes funções afetar favoravelmente as características dos alimentos para animais, afetar favoravelmente as características dos produtos de origem animal, afetar favoravelmente a cor dos peixes e aves ornamentais, satisfazer as necessidades nutricionais dos animais, afetar favoravelmente as consequências ambientais da produção animal, afetar favoravelmente a produção, o rendimento ou o bem-estar dos animais, nomeadamente através da afetação da flora gastrointestinal ou da digestibilidade dos alimentos para animais, ou ter um efeito coccidiostático ou histomonostático [31].


## 2.2 Regulamento da UE:

De acordo com o Regulamento (CE) n.º 1831/2003, só podem ser colocados no mercado os aditivos que tenham sido autorizados pela Autoridade Europeia para a Segurança dos Alimentos (EFSA). Os aditivos autorizados só podem ser colocados no mercado para a utilização específica descrita para a autorização. As empresas ou os investigadores que pretendam obter a autorização de um aditivo devem apresentar um pedido e um dossier à EFSA, que deve

1. Permitir a avaliação dos aditivos com base no estado atual dos conhecimentos

2. Demonstrar a conformidade com os princípios fundamentais da autorização

3. Ter um mínimo de três estudos in vivo a longo prazo que demonstrem efeitos significativos nas espécies/categorias-alvo relevantes

4. Demonstrar a segurança do produto [29].

## 2.3 Utilização como aditivo alimentar:

A utilização prevista dos aditivos para a alimentação animal de acordo com a Portaria relativa à Lei da Segurança dos Alimentos para Animais é a prevenção da deterioração da qualidade dos alimentos para animais, a suplementação dos alimentos para animais com nutrientes e outros ingredientes activos e a facilitação da utilização eficaz dos ingredientes nutritivos dos alimentos para animais[30].

## 2.4 Classificação dos aditivos para a alimentação animal:

Os aditivos utilizados na alimentação animal são diversos e heterogéneos. Existem diferentes categorias em função das suas propriedades e funções. Os agentes promotores do crescimento e os aditivos alimentares incluem antibióticos, probióticos, prebióticos, simbióticos, ácidos orgânicos, vitaminas e minerais, ervas (fitogénicos) que têm sido amplamente utilizados para promover a saúde e a produção das aves de capoeira [31].
A União Europeia (UE) classifica-os da seguinte forma (Barton, [32]): antibióticos; antioxidantes; aromatizantes e flavorizantes; coccidiostáticos e outras substâncias medicinais; emulsionantes, estabilizantes, espessantes e gelificantes; corantes, incluindo pigmentos; conservantes; vitaminas, provitaminas e outras substâncias quimicamente bem definidas com efeito semelhante; oligoelementos; aglutinantes, antiaglomerantes e coagulantes; reguladores de acidez; enzimas; microrganismos; aglutinantes de radionuclídeos. Contudo, alguns aditivos, com a pretensão de oferecer um componente nutricional dietético, podem aparecer no catálogo de matérias-primas para alimentação animal [29].

## 2.4.1 Antibióticos como aditivos alimentares:

Os antibióticos são agentes quimioterapêuticos utilizados no tratamento clínico de doenças infecciosas em seres humanos, plantas e animais. No entanto, uma fração considerável dos antibióticos produzidos todos os anos em todo o mundo é utilizada para fins não terapêuticos. Oliver et al. [33] referiram que, só nos EUA, eram utilizados anualmente cerca de 24,6 milhões de libras de antibióticos na pecuária e que uma parte substancial destes produtos era utilizada como promotores de crescimento e não para o tratamento de infecções. De acordo com um relatório recente de Spellberg et al. [34], dos 13 milhões de kg de antibióticos administrados aos animais em 2010, a maior parte destinava-se a promover o crescimento do gado. Este facto está relacionado com a descoberta por acaso feita por Gustafson e Bowen [35] em 1997 de que doses baixas de antibióticos têm a capacidade de promover o crescimento de animais e aves. Subsequentemente, esta descoberta foi amplamente explorada e, nesta altura, a adição de antibióticos aos alimentos para animais para estimular o crescimento tornou-se uma prática global. Embora Lee et al. [36], a partir das suas descobertas, tenha salientado que a utilização de medicamentos anticoccidianos juntamente com antibióticos como promotores de crescimento aumentou o crescimento e o estado imunitário das galinhas num ambiente contaminado.

Os compostos antibióticos habitualmente utilizados como factores de crescimento incluem a bacitracina, a penicilina, a virginiamicina, a flavomicina, a clortetraciclina, a oxiteraciclina, o sulfato de colistina, a doxiciclina, a eritromicina, a aureomicina, a avilamicina, a tiamulina, a furazolidona, a lincomicina, a enrofloxacina e o sulfato de neomicina (Chowdhury et al. [37]). Há muitos efeitos da utilização de antibióticos como aditivo alimentar, de acordo com a literatura já relatada, que culminou na tomada de uma decisão séria por parte da União Europeia.

### 2.4.1.1 Redução das doenças subclínicas e dos agentes patogénicos humanos:

A utilização de aditivos antibióticos nos alimentos para animais acaba por aumentar a segurança do produto final para o consumidor [38]. Este facto está de acordo com as conclusões de Heuer et al. [39], que demonstraram que os frangos criados para o mercado biológico sem antibióticos têm uma prevalência de Campylobacter spp. quase três vezes superior à dos frangos criados convencionalmente. Investigações anteriores relatadas por Stutz e Lawton [40] demonstraram que a eficácia de um aditivo antibiótico para melhorar os parâmetros de desempenho, tais como a taxa de crescimento e a conversão alimentar, está diretamente correlacionada com a sua capacidade de controlar o Clostridium perfringens, o agente causador da enterite necrótica clínica e subclínica dos frangos e perus. Lovland e Khaldhusal [41] demonstraram que a enterite necrótica subclínica das aves de capoeira tem um impacto adverso significativo no desempenho dos bandos.

## 2.4.1.2 Melhoria da eficiência da produção:

Normalmente, a taxa de crescimento e a conversão alimentar são melhoradas, o que levou a classificar estes aditivos como "promotores de crescimento" [42]. Hughes e Heritage [43], através de investigação, demonstraram que a carne obtida de animais alimentados com antibióticos é também de melhor qualidade, com maior quantidade de proteínas e menor quantidade de gordura, em comparação com a obtida de animais não suplementados com antibióticos. Gustafson e Bowen [35] estudaram a utilização de tetraciclina e penicilina na alimentação das galinhas e concluíram que conduziu a uma melhoria significativa da produção de ovos e da eclodibilidade, para além da eficiência alimentar.

## 2.4.1.3 Melhoria do bem-estar dos animais:

Uma vez que foi cientificamente demonstrado que os aditivos antibióticos para a alimentação animal reduzem o stress imunológico mesmo em "frangos saudáveis" mantidos em condições sanitárias, ambientais e de gestão óptimas, a sua utilização contribui para aumentar o bem-estar dos animais destinados à produção de alimentos [44]. Por outro lado, Gallo e Berg [45] concluíram que, após a adição de clortetraciclina e sulfametazina aos alimentos, a taxa de morbilidade da doença respiratória bovina, a taxa de recaídas e de mortalidade e também a taxa de animais diagnosticados com doença respiratória crónica diminuíram significativamente.

## 2.4.1.4 Promover a emergência de estirpes resistentes aos antibióticos. De

acordo com uma estimativa da Organização Mundial de Saúde, durante a última década, o número de mortes causadas por algumas estirpes resistentes excedeu o número combinado de mortes causadas pela gripe, pelo vírus da imunodeficiência humana e por acidentes de viação [46]. Chattopadhyay e Grossart [47] concluíram, com base em provas de investigação, que o aparecimento de estirpes resistentes aos antibióticos está mais frequentemente correlacionado com a utilização de antibióticos; a resistência é detectada em bactérias obtidas em locais desabitados, pouco povoados e totalmente desligados da intervenção humana. Por exemplo, a avoparcina é um antibiótico glicopeptídeo não utilizado pelo homem. Sabe-se que a utilização deste antibiótico como aditivo para a alimentação animal está associada ao aparecimento de estirpes resistentes à avoparcina, que são tolerantes à vancomicina, um antibiótico glicopeptídeo utilizado nos seres humanos [48]. A

União Europeia proibiu os promotores de crescimento antibióticos para a alimentação animal não só devido à resistência cruzada, mas também ao risco de possíveis resistências múltiplas a medicamentos em bactérias patogénicas humanas. Prevê-se que apenas dois desses compostos relacionados com medicamentos continuem a ser utilizados [49].

## 2.4.2 Probióticos como aditivos alimentares:

O grupo de trabalho conjunto da Organização das Nações Unidas para a Alimentação e a Agricultura (FAO) e da Organização Mundial de Saúde (OMS) definiu os probióticos como "microrganismos vivos que, quando administrados em quantidades adequadas, conferem um benefício para a saúde do hospedeiro" [50]. Na dieta dos frangos de carne, os probióticos melhoram significativamente a resposta imunitária [51] e os títulos de anticorpos contra doenças virais como a doença de Newcastle e a doença infecciosa da bursa [52]. Salim et al. [53] descobriram que a adição de probióticos à dieta das aves de capoeira melhorou o desempenho do crescimento e a conversão alimentar em frangos de carne, a produção de ovos em poedeiras e modula o sistema imunitário das aves para lutar contra vários agentes patogénicos. Os probióticos podem reduzir a mortalidade do bando que ocorre devido a doenças imunossupressoras (IBD, anemia infecciosa das galinhas, infecções reovirais, doença de Marek, micotoxinas, etc.) [54]. Doyle [55] concluiu que os benefícios propostos para os probióticos são a melhoria da digestão, a estimulação da imunidade gastrointestinal e o aumento da resistência a doenças infecciosas do intestino. Estão a ser utilizadas várias estirpes de microrganismos como probióticos com diferentes eficácias; algumas delas podem proporcionar determinados benefícios ao hospedeiro, enquanto outras não [56]. As espécies de probióticos mais utilizadas são as estirpes de bactérias do ácido lático, tais como Lactobacillus, Bifidobacterium e Streptococcus. Estas espécies podem resistir ao ácido gástrico e biliar e têm a capacidade de colonizar o intestino de microrganismos potencialmente patogénicos [57].

## 2.4.3 Prebióticos como aditivos alimentares

O termo prebiótico foi introduzido por Gibson e Roberfroid [58], que o definiram como "um ingrediente/suplemento alimentar não digerível que afecta beneficamente o hospedeiro, estimulando seletivamente o crescimento de alguns ou de todos os organismos não patogénicos (bactérias) no intestino/cólon". Os prebióticos são aditivos alimentares que não são facilmente digeridos pelas aves, como os hidratos de carbono complexos, certos péptidos, proteínas, lípidos e lactose [59]. Os produtos prebióticos disponíveis no mercado, que incluem principalmente oligossacáridos de galactose, frutose ou manose, nomeadamente galacto-oligossacáridos (GOS), mananoligossacáridos (MOS) e fruto-oligossacáridos (FOS), foram experimentados em aves de capoeira com muito êxito [58]. Uma vez que não são digeríveis, estes prebióticos fornecem substratos para as bactérias comensais no trato gastrointestinal e, consequentemente, ajudam a equilibrar as populações microflorais a favor dos organismos benéficos e a excluir os agentes patogénicos [60].

Windisch et al. [61] concluíram que os aditivos para a alimentação animal exercem alegadamente efeitos anti-oxidantes, antimicrobianos e de promoção do crescimento nos animais, acções que estão parcialmente associadas a um maior consumo de alimentos. Ritter [62] acrescentou que eles são um dos agentes bioquímicos e químicos que podem reduzir o odor da produção animal.


## 2.4.4 Synbiotics as Feed Additives:

Segundo Schrezenmeir et al. [63], a combinação de um prebiótico e de um probiótico é designada por simbiótico. De facto, as aplicações entraram agora no domínio da combinação de probióticos e enzimas (simbiontes) como aditivos alimentares para aumentar ainda mais o crescimento e a imunocompetência, tal como referido por Dersjant-Li et al. [64]. Esta combinação pode funcionar em sinergia para excluir os agentes patogénicos do trato gastrointestinal e reduzir as doenças [58].

Bailey et al. [65] relataram que as dietas que continham 0,75% de FOS, além da flora probiótica, foram capazes de reduzir a taxa de colonização por Salmonella para 12% menos aves do que o controlo. Xu et al. [66] demonstraram que 0,4% de FOS na dieta conseguiu uma redução de E. coli no reto e no intestino delgado a favor de Bifidobacterium e Lactobacillus. No entanto, outros estudos obtiveram resultados inconsistentes [67]. Além disso, embora pareça haver vários benefícios na utilização de simbióticos em aves de capoeira, como em qualquer novo empreendimento, os desafios subjacentes, uma vez que estes compostos são atualmente dispendiosos para serem utilizados à escala comercial [58].

### 2.4.5 Ácidos orgânicos como aditivos alimentares:

Devido ao desenvolvimento e à emergência de micróbios resistentes aos antibióticos [68], a utilização de ácidos orgânicos tem aumentado como promotores de crescimento na pecuária, o que poderia ajudar a proteger contra implicações adversas para a saúde humana. Nos regimes alimentares das aves de capoeira, a utilização de ácidos orgânicos provoca uma resposta positiva no desempenho do crescimento dos frangos de carne. Na cultura das aves de capoeira, Wang et al. [69] referiram que são bactericidas para a Salmonellae. Considerando as investigações conduzidas por Emami et al. [70] sobre a utilização de ácidos orgânicos, tais como os ácidos fórmico, lático, propiónico, cítrico, sórbico e fosfórico. Estes ácidos optimizam o equilíbrio da microflora do trato gastrointestinal. Baixam o pH, no qual a atividade das proteases e das bactérias benéficas é optimizada e a proliferação de bactérias patogénicas é minimizada por um efeito antibacteriano direto que destrói as suas membranas celulares [37]. Em estudos experimentais, os ácidos orgânicos foram considerados promotores de crescimento adequados em suínos e aves de capoeira [71].

### 2.4.6 Vitamins and Minerals as Feed Additives:

Como pré-mistura na alimentação das aves de capoeira (particularmente na alimentação dos frangos de carne), os minerais multivitamínicos têm sido utilizados para melhorar o crescimento dos frangos de carne, bem como a utilização dos alimentos, ajudando assim a obter um melhor retorno da produção e da economia. O seu nível de desempenho é ótimo quando o estado de saúde das aves é deficiente [72]. Também exercem um efeito benéfico na saúde do intestino e na imunidade, juntamente com o desempenho imunitário. Sahin et al. [73] conclui que todas as vitaminas (especialmente a vitamina C) têm um papel essencial a desempenhar sobretudo em termos de melhoria da utilização dos alimentos, bem como do metabolismo e da minimização de várias tensões nos animais. O ácido ascórbico tem a capacidade de reduzir a perda de peso das aves devido ao stress térmico. Para além do ácido ascórbico, as dietas suplementadas com tocoferóis ou vitamina E resultaram num melhor desempenho em termos de crescimento, melhorando a eficiência da conversão alimentar[74].

### 2.4.7 Enzimas exógenas como aditivos alimentares:

Na alimentação das aves de capoeira, as enzimas exógenas incluem as enzimas de degradação dos polissacáridos não amiláceos (PNA), as proteases e a fitase, que contribuiriam para uma melhor utilização e para a redução da poluição ambiental. Choct e Annison [75] referiram que estes NSP têm um efeito negativo no desempenho dos frangos de carne e deprimem a taxa de crescimento, encapsulando os nutrientes, aumentando a viscosidade intestinal; aumentam o fluxo endógeno de azoto e a fermentação bacteriana no trato gastrointestinal, reduzem a taxa de passagem da ração, resultando numa redução global do consumo de ração, o que deprime a produção dos frangos de carne e provoca excrementos pegajosos, colagem de vácuo e ovos sujos.

Graham et al. [76] concluíram que o arabinoxilano e os β-glucanos presentes no grão de arroz também interferem com a digestão e absorção de nutrientes e também diminuem a produção de enzimas digestivas no trato gastrointestinal. A digestibilidade do amido, do azoto e da gordura foi reduzida em resultado do aumento da viscosidade intestinal. Por conseguinte, Jackson et al. [77] realizaram uma investigação utilizando enzimas como as xilanases e as beta-glucanases para degradar os polissacáridos não amiláceos (NSP) e concluíram que desempenham um papel importante na redução das bactérias patogénicas como o Clostridium perfringens. Estas enzimas também reduzem o efeito nocivo dos NSPs, tais como (hemi) celuloses, pectinas e oligossacáridos, arabinoxilanos e β-glucanos. Os NSP têm um efeito anti-nutritivo, aumentando o volume e a viscosidade do conteúdo intestinal, o que acaba por reduzir a digestão e a absorção de nutrientes no intestino [78].

## 2.4.8. Fitogénicos como aditivos para a alimentação animal:

Os aditivos fitogénicos para a alimentação animal constituem um grupo extremamente heterogéneo de aditivos para a alimentação animal provenientes de folhas, raízes, tubérculos, sementes ou frutos de ervas aromáticas, especiarias ou outras plantas, que se encontram disponíveis sob a forma sólida, seca ou moída, ou sob a forma de extractos ou óleos essenciais [79].

Windisch et al. [61] referiram que alguns aditivos fitogénicos para a alimentação animal exercem alegadamente efeitos antioxidantes, antimicrobianos e promotores de crescimento no gado, acções que estão parcialmente associadas a um maior consumo de alimentos.

Ritter [62] acrescentou que são um dos agentes bioquímicos e químicos que podem reduzir o odor das instalações de produção animal. São incorporados na dieta dos alimentos para animais a fim de aumentar a produtividade através da melhoria da digestibilidade, da absorção de nutrientes e da eliminação de agentes patogénicos residentes no intestino [80].

## 2.3 Chrysophyllum Albidum:

Chrysophyllum albidum pertence à família Sapotaceae, que contém várias árvores de fruto como C. cainito, C. welwitschii, C. delvoyi, C. pruniforme e outras; todas indígenas da África tropical [81].

### 2.3.1 A árvore de Chrysophyllum albidum:

O género Chrysophyllum é uma árvore tropical de folha perene. O Chrysophyllum albidum é uma árvore alta e rectilínea de 30 m a 60 m em condições locais favoráveis. O tronco é por vezes longo e reto, mas frequentemente ramificado, profundamente estriado, por vezes com pequenos contrafortes (cerca de 30 cm de altura) na base. A copa é geralmente densa [82]. A casca é fina, cinzento-castanho-claro ou verde-acastanhado-claro, enquanto a folha castanho-clara exsuda um látex gomoso branco abundante, uma caraterística da família Sapotaceae. Apresenta uma rede de fissuras em ziguezague; os ramos são estriados [83]. É uma espécie madeireira. A madeira é branco-acastanhada, macia, grossa e de grão aberto; muito perecível em contacto com o solo. É fácil de serrar e aplainar, prega bem e dá um bom polimento [84]. A árvore floresce normalmente de abril a junho de cada ano [83]. No entanto, Okafor [85] observou que em partes dos estados de Anambra, Ebonyi e Enugu (todos na Nigéria) a floração ocorre em várias alturas, como janeiro-fevereiro; abril-junho e setembro. Este poderia ser um atributo a ser explorado na recolha de pólen [86].

### 2.3.2 As folhas de Chrysophyllum albidum:

Os ramos e as folhas (copa) formam uma copa densa, pelo que pode servir de árvore de sombra ou ser utilizada como material para quebra-ventos ou cinturas de proteção [82]. O nome 'albidum' (branco) refere-se à superfície inferior branca ou cinzento-prateada das folhas maduras, facilmente visível quando se olha para a copa da árvore. A superfície inferior das folhas jovens tem pêlos macios castanho-dourados e estes pêlos desaparecem com a idade [87]. As folhas maduras são verde-escuras na parte superior quando as folhas têm geralmente 30 cm de comprimento e 8,9 cm de largura, são blanceoladas e afinam rapidamente até ao ápice acuminado e à base em forma de cunha [86]. A venação da superfície superior é finamente elevada, ou seja, pode ser invisível ou indistinta. Os nervos laterais são 10-15 pares. O canal da nervura central não é normalmente muito acentuado, é afundado em cima e proeminente em baixo, com nervuras laterais claras [87][82][86]. O caule da folha tem até 3 cm ou 1 polegada de comprimento. As flores são hermafroditas amarelo-creme muito pequenas em densos cachos de caule curto, geralmente nas axilas das folhas ou por cima das cicatrizes das folhas caídas [84][82][86].

### 2.3.3 O fruto de Chrysophyllum Albidum:

Os frutos aparecem normalmente de janeiro a princípios de março. O fruto de Chrysophyllum albidum é uma baga grande e deiscente que contém 5 sementes grandes e achatadas ou, por vezes, menos por aborto [88]. O fruto é cinzento-esverdeado quando imaturo, tornando-se vermelho-alaranjado, castanho-amarelado ou amarelo quando maduro. Tem cerca de 5 a 6 cm de comprimento e cerca de 3,2 a 7 cm de diâmetro. É quase esférico ou arredondado; glabro ou por vezes com manchas quando maduro, e pontiagudo no ápice. Tem uma polpa doce, agradavelmente ácida, comestível, castanho-amarelada, na qual estão incorporadas cerca de cinco ou menos sementes em 5 células [82].

Uma secção transversal do fruto mostra as sementes dispostas em forma de estrela [83- 85]. No interior dos frutos, sementes castanhas brilhantes com 2,5 cm de comprimento encontram-se em polpa comestível doce-ácida, cada uma semelhante a um feijão com uma extremidade afiada. Ou sementes de 1-1,5x 2 cm, semelhantes a feijões, brilhantes quando maduras, comprimidas, com uma extremidade afiada e uma disposição em estrela no fruto, como numa maçã. A semente do fruto é composta por um embrião e um endosperma num revestimento duro protetor castanho e brilhante [83-85].

### 2.3.4 O cotilédone da semente de Chrysophyllum Albidum:

O revestimento da semente de chrysophyllum albidum é duro, ósseo, brilhante e castanho escuro, e quando quebrado revela cotilédones de cor branca [89]. Este caroço de semente tem muitas utilizações, conforme relatado em pesquisas.

### 2.3.4.1 O cotilédone da semente de Chrysophyllum Albidum como fonte de óleo:

Os estudos sobre a extração de óleo de C.albidum da Nigéria são raramente referidos na literatura. Apenas algumas tentativas estão documentadas com limitações. Ochigbo e Paiko [90] relataram o estudo do efeito da mistura de solventes n a s características dos óleos extraídos das     sementes de C.albidum. Num outro estudo, Sam et al. [91] relataram a extração e classificação de lípidos de sementes de Chrysophyllum albidum. O trabalho limitou-se ao rastreio fitoquímico e à determinação da composição de ácidos gordos. Adebayo et al. [92] relataram a extração e caraterização a 65 $^0C$ durante 3-4 horas, enquanto

Umaru et al. [93] relataram o mesmo a uma temperatura de 55 $^0C$.

## 2.3.4.2 O cotilédone da semente de Chrysophyllum Albidum como medicamento:

Entre outras contribuições, Okoli e Okere, [94] relataram que diferentes partes de Chrysophyllum albidum, incluindo o cotilédone da semente, têm atividade antimicrobiana contra alguns microrganismos. Concluíram que isto era o resultado da presença de alguns fitoquímicos, o que apoia as conclusões de Akin-Osanaiye et al. [24]. Mais trabalho comparativo foi feito por idowu et al. [95] ao isolar eleagnina, tetrahidro-2-metilharman e skatole do extrato metanólico dos cotilédones da semente e foi utilizado em pomadas para o tratamento de infecções vaginais e dermatológicas na Nigéria Ocidental. Os cotilédones também foram descritos como possuindo efeitos anti-hiperglicémicos e hipoglicémicos [96], actividades antinoniceptivas, anti-inflamatórias e antioxidantes [95] e efeito antiplaquetário [92].

## 2.3.4.3 O cotilédone da semente de Chrysophyllum Albidum como aditivo alimentar:

A investigação sobre a composição proximal e as propriedades funcionais da farinha preparada a partir de C. albidum foi estudada e comparada com as da farinha de trigo [97] mas tem uma composição elevada de metais pesados [98]. Não pode ser usada apenas como ração, pois Jimoh et al. [99] descobriram que a substituição de milho por farinha de sementes de Chrysophyllum albidum nas dietas de peixes Clarias gariepinus reduziu significativamente o crescimento e a utilização de nutrientes por Clarias gariepinus.

No entanto, Onyeka et al. [100] relataram a avaliação toxicológica de C. albidum quando incluído na formulação da dieta de ratos, não mostrando diferenças significativas nos parâmetros hematológicos e bioquímicos do sangue e também o exame histopatológico das secções do fígado, rim e coração não mostrou nenhuma lesão visível no rato albino. Outros resultados de investigação por Akin-Osanaiye et al. [24] mostraram claramente que o cotilédone de sementes de Chrysophyllum albidum pode ser utilizado como aditivo alimentar na dieta de ratos. Não foi citado qualquer relatório sobre o efeito da incorporação deste nutritivo cotilédone de sementes na cadeia alimentar dos frangos. Por conseguinte, este estudo examinou a avaliação toxicológica e o efeito da utilização do cotilédone de sementes de C. albidum (maçã estrela africana) como aditivo na alimentação de frangos de carne.

# CAPÍTULO TRÊS

# METODOLOGIA

## 3.1 Materiais e métodos:

## 3.2 Recolha e identificação de materiais vegetais:

Os frutos maduros e frescos de Chrysophyllum albidum utilizados para este estudo foram adquiridos no mercado de Utako, em Abuja, Nigéria. Os frutos foram identificados e autenticados no Herbário do Departamento de Ciências Biológicas, Universidade de Abuja, Nigéria.

## 3.3 Produtos químicos e reagentes:

Os produtos químicos e reagentes utilizados provêm todos da Sigma Aldrich. Os meios utilizados provêm da hi-media laboratories limited, Índia. Os isolados para testes clínicos utilizados foram recolhidos do National Institute for Pharmaceutical Research and Development (NIPRD).

## 3.4 Preparação de materiais vegetais:

A amostra foi preparada de acordo com os métodos descritos por Anibijuwon e Udeze [101]. As amostras de frutos foram lavadas e as sementes retiradas dos frutos e secas ao ar até atingirem um peso constante. As sementes secas foram descascadas e o cotilédone esmagado em grânulos mais pequenos utilizando um almofariz e um pilão de laboratório. O liquidificador foi utilizado para pulverizar o cotilédone triturado. A amostra de cotilédone pulverizada foi mantida num recipiente hermético.

## 3.5 Preparação do extrato da planta:

Foi utilizado o método descrito por Arekemase et al., [102] e Akin-Osanaiye et al.,[24]. Amostras de plantas pulverizadas de quantidade conhecida (500g) foram extraídas sucessivamente com diferentes solventes de polaridade variável, desde hexano, acetato de etilo, etanol e água, utilizando o método de extração soxhlet. Os extractos brutos foram filtrados e concentrados num evaporador rotativo a 40°C. Os extratos foram secos até a conclusão em um forno de ar quente a 40°C, mantidos em garrafas Mc-carthny e refrigerados a 2-4 °C para uso posterior. Os extractos brutos foram pesados e renderam 7,44g, 1,37g,

16,06g e 65,44g para extractos de hexano, etilacetato, etanol e água, respetivamente.

## 3.6 Formulação de ração:

As amostras de cotilédones pulverizadas foram incluídas em misturas de dietas para frangos de corte. Cinco dietas foram formuladas para incluir níveis graduais da amostra pulverizada nas taxas de inclusão de 0, 5, 10, 15 e 20% em substituição à ração inicial convencional nas dietas das aves.

## 3.7 Cuidados e aprovação dos animais:

Vinte (n = 20) frangos de carne com um mês de idade, pesando 0,5 ± 0,1 g, foram adquiridos à Agrobet vertinary Nyanya, Abuja Nigéria. De acordo com o procedimento utilizado por Annongu et al., [103] os frangos de carne foram alojados em gaiolas com um ciclo de luz controlado (12 h de luz / 12 h de escuridão) e divididos aleatoriamente em cinco grupos, incluindo o grupo de controlo, tendo sido aclimatados durante duas semanas, alimentados com ração comercial de arranque e água administrada ad libitum durante o período de aclimatação. As dietas experimentais e a água potável foram dadas aos pintos durante um período de 2 meses e tratadas de acordo com as recomendações do National Institute of Health [104] Guidelines for the care and use of laboratory Animals. O aspeto físico dos frangos de controlo e dos frangos experimentais foi monitorizado e o peso corporal de cada frango foi registado semanalmente.

## 3.8 Protocolo experimental:

Existem cinco grupos, cada um composto por quatro frangos de carne:

**Grupo 1:** Alimentado diariamente com uma mistura de ração com 0% de amostra pulverizada de cotilédone de sementes de Chrysophyllum albidum e 100% de ração inicial durante dois meses e serviu como grupo de controlo normal. Este grupo é a gaiola um

**Grupo 2**: Alimentados diariamente com uma mistura de ração com 5% de amostra pulverizada de chrysophyllum albidum e 95% de ração inicial durante dois meses. Este grupo é a gaiola dois.

**Grupo 3**: Alimentado diariamente com uma mistura de ração com 10% de amostra pulverizada de cotilédone de Chrysophyllum albidum e 90% de ração inicial durante dois meses. Este grupo é a gaiola três.

**Grupo 4:** Alimentado diariamente com uma mistura de ração com 15% de
amostra pulverizada de cotilédone de Chrysophyllum albidum e 85% de ração
inicial durante dois meses. Este grupo é a gaiola quatro.

**Grupo 5**: Alimentado diariamente com uma mistura de ração com 20% de
amostra pulverizada de cotilédone de Chrysophyllum albidum e 80% de ração
inicial durante dois meses. Este grupo corresponde à gaiola cinco.

### 3.9   Análise dos componentes nutritivos e não nutritivos:

### 3.9.1 Análise da composição proximal:

A análise de proximidade foi efectuada no Departamento de Química
SHEDAScience and Technology Complex Gwagwalada Abuja. Cada amostra
(cotilédone de sementes pulverizadas de frutos de C. albidum) foi analisada em
triplicado. Esta análise foi efectuada de acordo com o método da AOAC (1990)
[105]

### 3.9.1.1  Determinação do teor de humidade:

Foram pesados dois gramas de cada amostra de cotilédone num cadinho seco e
tarado. As amostras foram colocadas numa estufa de extração de humidade a
105 °C e aquecidas durante 3 horas. As amostras secas foram colocadas em
exsicadores, deixadas arrefecer e pesadas de novo. O processo foi repetido até se
obter um peso constante. A diferença de peso foi calculada em percentagem da
amostra original

$$\text{Percentage moisture} = \frac{W_2 - W_2}{W_2 - W_1} \; x \; \frac{100}{1}$$

Where;

| | | |
|---|---|---|
| $W_1$ | = | Initial weight of empty dish |
| $W_2$ | = | Weight of dish + Un-dried sample |
| $W_3$ | = | Weight of dish + dried sample |

### 3.9.1.2  Determinação do teor de cinzas:

Dois gramas de cada uma das amostras de cotilédones foram pesados num
cadinho, aquecidos numa estufa de extração de humidade durante 3 horas a 100
°C, antes de serem transferidos para uma mufla a 550 °C até ficarem brancos e
isentos de carbono. A amostra foi então retirada do forno, arrefecida num
exsicador até à temperatura ambiente e novamente pesada de imediato. O peso
da cinza residual foi então calculado como teor de cinza

$$\text{Percentage Ash} = \frac{Weight\ of\ Ash}{Weight\ of\ originak\ of\ sample} \times \frac{100}{1}$$

### 3.9.1.3 Determinação da proteína bruta:

Foi utilizado o método micro-Kjeldahl descrito por [105]. Dois gramas de cada uma das amostras foram misturados com 10 ml de H2SO4 concentrado num tubo de aquecimento. Adicionou-se um tablete de catalisadores de selénio ao tubo e a mistura foi aquecida numa câmara de exaustão. O digerido foi transferido para água destilada. Uma porção de dez milímetros do digerido foi misturada com igual volume de NaOH a 45%. A solução foi vertida num aparelho de destilação de Kjeldahl. A mistura foi destilada e o destilado recolhido numa solução de ácido bórico a 4% contendo 3 gotas de indicador vermelho de metilo. Recolheu-se um total de 50 ml de destilado, que também foi titulado. O teor de azoto foi calculado e multiplicado por 6,25 para obter o teor de proteína bruta. Este é dado como

$$\text{Percentage Nitrogen} = \frac{(100 \times N \times 14 \times VF)\ T}{100 \times V_a}$$

Where;

| | | |
|---|---|---|
| N | = | Normality of the titrate (0.1N) |
| VF | = | Total volume of the digest = 100ml |
| T | = | Titre value |
| Va | = | Aliquot volume distilled |

### 3.9.1.4 Determinação da fibra bruta:

Dois gramas (2g) de amostra e 1g de amianto foram colocados em 200ml de H2SO4 a 1,25% e fervidos durante 30 minutos. A solução e o conteúdo foram então vertidos num funil de Buchner equipado com um pano de musselina e fixado com um elástico. Deixou-se filtrar e o resíduo foi então colocado em 200 ml de NaOH fervido e a ebulição continuou durante 30 minutos, sendo depois transferido para o funil de Buchner e filtrado. Em seguida, lavou-se duas vezes com álcool. O material obtido foi lavado três vezes com éter de petróleo. O resíduo obtido foi colocado num cadinho limpo e seco na estufa de extração de humidade até atingir um peso constante. O cadinho seco foi retirado, arrefecido e pesado. Em seguida, a diferença de peso (ou seja, a perda por ignição) é registada como fibra do cadinho e expressa em percentagem de fibra bruta

$$\text{Percentage crude fibre} = \frac{W_1 - W_2}{W_3} \times \frac{100}{1}$$

Where;

| | | |
|---|---|---|
| $W_1$ | = | Weight of sample before incineration |
| $W_2$ | = | Weight of sample after incineration |
| $W_3$ | = | Weight of original sample |

### 3.9.1.5 Determinação do teor de gordura:

Dois gramas de amostra de cotilédone foram embrulhados num papel de filtro e colocados no dedal, que foi enchido num balão de fundo redondo limpo, que foi limpo, seco e pesado. O balão continha 120 ml de éter de petróleo. A amostra foi aquecida com uma manta de aquecimento e deixada em refluxo durante 5 horas. O aquecimento foi então interrompido e os dedais com as amostras gastas foram guardados e posteriormente pesados. A diferença de peso foi recebida como massa de matéria gorda e é expressa em percentagem da amostra. O teor percentual de óleo é a percentagem de gordura

$$\text{Percentage crude fibre} = \frac{W_1 - W_2}{W_3} \times \frac{100}{1}$$

Where;

| | | |
|---|---|---|
| $W_1$ | = | Weight of sample before incineration |
| $W_2$ | = | Weight of sample after incineration |
| $W_3$ | = | Weight of original sample |

### 3.9.1.6 Determinação do teor de hidratos de carbono:

Foi utilizado o método sem azoto descrito por [105]. Os hidratos de carbono são calculados como peso por diferença entre 100 e a soma de outros parâmetros de proximidade como percentagem de hidratos de carbono do extrato isento de azoto (NFE)

(NFE) = 100 - (M + P + F1 + A + F2)

Onde;
M P=Proteína Húmida
F1=Gordura
A=Ash
F2=Fibra bruta

### 3.9.1.7 Determinação do teor energético:

A energia bruta foi calculada com base na fórmula utilizada por Ekanayake et al., [106]: Energia bruta (kJ por 100 g de matéria seca) = (proteína bruta × 16,7) + (lípido bruto × 37,7) + (hidratos de carbono × 16,7).

### 3.9.2 Análise mineral:

Para a análise mineral, as amostras foram incineradas a $550\ °C$ e as cinzas obtidas foram fervidas com 10 ml de ácido clorídrico a 20 % num copo e depois filtradas para um balão volumétrico de 100 ml. O filtrado foi completado até ao traço com água desionizada. Os minerais foram determinados a partir da solução resultante. Foi utilizado um fotómetro de emissão de chama para a determinação do sódio (Na) e do potássio (AOAC,[107] enquanto o espetrofotómetro de absorção atómica ( AAS) (PerkinElmer, Analysist A700) foi utilizado para o cálcio (Ca), o magnésio (Mg), o ferro (Fe), o zinco (Zn), o crómio (Cr) e o cobre (Cu) no Complexo de Ciência e Tecnologia SHEDA de Gwagwalada Abuja. Todos os valores foram expressos em mg/100g.

### 3.9.3 Análise quantitativa de constituintes fitoquímicos:

A análise fitoquímica quantitativa foi efectuada no Departamento de Química do SHEDAScience and TechnologyComplexo Gwagwalada Abuja. Cada amostra (cotilédone de sementes pulverizadas de frutos de C. albidum) foi analisada em triplicado. Esta análise foi efectuada de acordo com o método da AOAC [105]

### 3.9.3.1 Determinação quantitativa de alcalóides:

O teor de alcalóides foi determinado gravimetricamente. Pesaram-se 5 g de amostra para um copo de 250 ml e adicionaram-se 200 ml de ácido acético a 20% em etanol, tapando-se o copo e deixando-o em repouso durante 4 h. Filtrou-se e concentrou-se o extrato em banho-maria até um quarto do volume inicial. Adicionou-se hidróxido de amónio concentrado ao extrato, gota a gota, até à precipitação completa. Deixou-se assentar toda a solução e o precipitado foi recolhido por filtração com papel de filtro Whatman n.º 4 (125 mm) e pesado (Obadoni e Ochuko, [108].

### 3.9.3.2 Determinação quantitativa de saponina:

O teor de saponina foi determinado utilizando o método descrito por [107]. Vinte gramas (20 g) de cada amostra moída foram dispersos em 200 ml de etanol a 20%. A suspensão foi aquecida num banho de água quente durante 4 horas com agitação contínua a cerca de 55oC. A mistura foi filtrada e o resíduo re-extraído com mais 200 ml de etanol a 20%. Os extractos combinados foram reduzidos a 40 ml num banho de água a cerca de $90 \, ^oC$. O concentrado foi transferido para uma ampola de decantação de 250 ml e adicionaram-se 20 ml de éter etílico, agitando-se vigorosamente. A camada aquosa foi recuperada e a camada de éter foi rejeitada. Repetiu-se o processo de purificação. Adicionaram-se 60 ml de n-butanol. A mistura de n-butanol e extractos foi lavada duas vezes com 10 ml de cloreto de sódio aquoso a 5%. A solução restante foi aquecida num banho de água a cerca de 90 $^oC$. As amostras foram secas numa estufa a $100 \, ^oC$ até se obter um peso constante. O teor de saponina foi calculado em percentagem [108].

### 3.9.3.3 Determinação quantitativa de taninos:

O teor de taninos foi determinado segundo o método descrito por Van-Burden e Robinson [109]. Quinhentos miligramas da amostra foram pesados num frasco de plástico de 100 ml. Adicionaram-se 50 ml de água destilada e agitou-se durante 1 h num agitador mecânico. Filtrou-se para um balão volumétrico de 50 ml e completou-se o volume até à marca. Em seguida, pipetou-se 5 ml do filtrado para um tubo e misturou-se com 3 ml de $FeCl_3$ 0,1M em HCl 0,1N e ferrocianeto de potássio 0,008M. A absorvância foi medida num espetrofotómetro a 120 nm de comprimento de onda, num período de 10 minutos. Foi preparada uma amostra em branco e a cor também se desenvolveu e foi lida no mesmo comprimento de onda. Foi preparado um padrão utilizando ácido tanínico para obter 100 ppm e medido [109].

### 3.9.3.4 Determinação quantitativa de flavonóides:

O teor de flavonóides foi determinado utilizando o método descrito por Boham e Kocipai [110]. Dez gramas das amostras moídas foram extraídas repetidamente com 300 ml de metanol: água (80:20) à temperatura ambiente. A solução completa foi filtrada com papel de filtro Whatman n.º 42 (125 mm). O filtrado foi posteriormente transferido para um cadinho, evaporado até à secura num banho de água e pesado.

### 3.9.3.5 Determinação quantitativa de fenóis totais:

Os fenóis totais foram determinados utilizando o método descrito por [107]. Para a extração do componente fenólico, a amostra sem gordura foi fervida com 50 ml de éter durante 15 minutos. Pipetaram-se 5 ml do extrato para um balão volumétrico de 50 ml e adicionaram-se 10 ml de água destilada. Adicionaram-se também 2 ml de solução de hidróxido de amónio e 5 ml de álcool amílico concentrado. As amostras foram completadas até à marca e deixadas a reagir durante 30 minutos para o desenvolvimento da cor. A absorvância da solução foi lida com um espetrofotómetro a 505 nm de comprimento de onda.

### 3.9.3.6 Determinação de fitatos:

Foi utilizado o método do espetrofotómetro Oberlese descrito por Ojinnaka [108]. Dois gramas da amostra foram extraídos por hidrólise ácida, maceração a frio e foi preparada uma solução padrão de fitato 0,05 M por pesagem e dissolução. Além disso, 0,5 mL do extrato e 1 mL da solução padrão de fitato foram colocados em tubos de ensaio separados, tratados com 1 mL de solução de sulfato férrico de amónio, arrolhados com rolhas e fervidos num banho de água durante 30 minutos.

Em seguida, arrefeceram a 25 °C em gelo e adicionaram 2 mL de solução de 2,2-bipirimidina a cada tubo, misturaram bem e mediram a respectiva absorvância com um espetrofotómetro UV a 519 nm. O teor de fitato da amostra foi calculado por:

$$\text{Percentage phytate} = \frac{100 \times A_0 \times C \times V_t}{W \times A_s \times 100 \times V_a}$$

Em que: W, Au, As, C, Vt e Va são, respetivamente, o peso da amostra, a absorvância da amostra, a absorvância da solução padrão de fitato, a concentração do fitato padrão (mg/mL), o volume total do extrato e o volume do extrato utilizado.

### 3.9.3.7 Determinação do oxalato:

Foi utilizado o método de titulação de permanganato descrito por Ojinnaka [115]. Uma porção de 2g da amostra foi suspensa em 100 mL de água destilada e 5 mL de HCL 6 M foram adicionados. A mistura foi digerida por aquecimento a $100°C$ durante uma hora, depois arrefecida e filtrada. O pH foi ajustado para 4,5 por adição gota a gota de solução aquosa concentrada de amoníaco antes de aquecer a 90 $°C$ num banho de água. Em seguida, arrefeceu-se e filtrou-se. O filtrado foi novamente aquecido a 90oC e adicionaram-se 10 ml de solução de CaCl2 a 5% com agitação constante, deixou-se arrefecer e armazenou-se durante a noite num frigorífico a $5oC$. A mistura foi então centrifugada a 300xg durante 5 minutos. O sobrenadante foi decantado e o precipitado dissolvido em 10 mL de H2SO4 a 20%. A solução foi completada até 100 mL com água destilada e titulada com uma solução de KMnO4 0,05 M até obter uma cor rosa ténue que persistiu durante 30 segundos. O teor de oxalato é dado pela relação de que 1 mL de solução de KMnO4 0,05M corresponde a 0,00225 g de oxalato [115]. A fórmula seguinte foi utilizada para calcular o teor de oxalato:

$$\text{Percentage oxalate} = \frac{100 \; x \; tre \; x \; 0.0025}{W}$$

Onde, W representa o peso da amostra utilizada

### 3.9.4 Análise de vitaminas:

A análise quantitativa de vitaminas foi efectuada no Departamento de Química SHEDAScience and Technology Complex Gwagwalada Abuja. Cada amostra (cotilédone de sementes pulverizadas de frutos de C. albidum) foi analisada em triplicado. Esta análise foi efectuada  de acordo com o método de [105]


### 3.9.4.1 Determinação da tiamina (vitamina B1):

Homogeneizar 5 g de amostra com hidróxido de sódio etanólico (50 ml). Filtrou-se para um balão de 100 ml. Pipetaram-se 10 ml do filtrado, tendo-se desenvolvido a cor por adição de 10 ml de dicromato de potássio e efectuado a leitura a 360 nm. Preparou-se uma amostra em branco, tendo a cor sido desenvolvida e lida no mesmo comprimento de onda.


### 3.9.4.2 Determinação da riboflavina (vitamina B2):

Extraiu-se 5 g da amostra com 100 ml de solução de etanol a 50% e agitou-se durante 1 h. Filtrou-se para um balão de 100 ml; pipetou-se 10 ml do extrato para um balão volumétrico de 50 ml. Adicionaram-se 10 ml de permanganato de potássio a 5% e 10 ml de H2O2 a 30% e deixou-se repousar num banho de água quente durante cerca de 30 min. Adicionaram-se 2 ml de sulfato de sódio a 40%. Completar o volume até à marca de 50 ml e medir a absorvância a 510 nm num espetrofotómetro.

### 3.9.3.5 Determinação da niacina (vitamina B3):

Tratou-se 5 g da amostra com 50 ml de ácido sulfúrico 1 N e agitou-se durante 30 minutos. Adicionaram-se 3 gotas de solução de amoníaco à amostra e filtrou-se. Pipetar 10 ml do filtrado para um balão volumétrico de 50 ml e adicionar 5 ml de cianeto de potássio. Acidificou-se com 5 ml de H2SO4 0,02 N e mediu-se a absorvância no espetrofotómetro a 470 nm de comprimento de onda.

### 3.9.3.6 Determinação do ácido ascórbico (vitamina C):

O teor de vitamina C foi determinado por espetrofotometria UV, tal como descrito por Rahman et al. [111]. Foi pesado um grama (1g) de cada amostra num tubo de ensaio. Pipetou-se um mililitro de ácido ascórbico de reserva para um tubo de ensaio separado, como padrão. Um mililitro de solução de ácido tricloroacético (TCA) foi colocado noutro tubo de ensaio para servir de branco. Adicionaram-se soluções de TCA de dez mililitros aos tubos de ensaio. Adicionou-se um mililitro de reagente dinitrofenil hidrazina-tioureia-sulfato de cobre (DTCS) a todos os tubos e tapou-se. Os tubos foram incubados num banho de água a 37oC durante 3 horas, retirados do banho de água e arrefecidos durante 10 minutos num banho de gelo, agitando-se lentamente, e foram adicionados 2 ml de H2SO4 12 M frio a todos os tubos de ensaio. A absorvância das amostras padrão e de ensaio foi lida a 520 nm. O resultado foi calculado do seguinte modo

$$\text{Vitamin C (g/100g)} = \frac{Absorbance\ of\ test\ samples}{Absorbance\ of\ standard} \times \frac{Concentration\ of\ standard}{Weight\ of\ sample} \times 1000$$

## 3.10 Análise antimicrobiana:

### 3.10.1 Rastreio antimicrobiano:

Os isolados clínicos patogénicos de Pseudomonas aeruginosa, Staphylococcus aureus, Bacillus subtilis, Escherichia coli e Candida albicans foram recolhidos no laboratório médico Ritchez, Maitama, Abuja, Nigéria. Os isolados foram autenticados no laboratório de microbiologia do Instituto Nacional de Investigação e Desenvolvimento Farmacêutico (NIPRD) através de subcultura em meios selectivos e diferenciais, onde foi realizada. Foi aplicado o método utilizado por Arekemase et al., [101].

### 3.10.2 Preparação e esterilização de meios:

Os meios utilizados neste estudo foram devidamente pesados e preparados de acordo com as instruções do fabricante e esterilizados no autoclave a 121°C durante 15 minutos. Após a esterilização, os meios foram deixados arrefecer antes de serem assepticamente distribuídos em placas de Petri e depois deixados a solidificar.

### 3.10.3.Testes bioquímicos:

Foram efectuados testes bioquímicos, incluindo: coloração de Gram, teste da catalase, teste do indole, teste da urease e teste do citrato em cada um dos isolados puros. Os isolados foram mantidos numa lâmina de ágar no frigorífico a 4°C.

### 3.10.3 Preparação dos organismos de teste:

Os isolados clínicos foram mantidos em placas de ágar em frascos bijou e depois submetidos a subcultura durante 24 horas antes de serem utilizados. Os isolados puros de cada organismo testado foram emulsionados em 5 ml de solução salina normal estéril utilizando uma ansa bacteriológica estéril para fazer uma suspensão do organismo testado. A suspensão foi padronizada para corresponder aos padrões de 0,5 McFarland, agitada vigorosamente para assegurar uma mistura completa e armazenada durante a noite [101]

### 3.10.4 Reconstituição dos extractos:

As reconstituições dos extractos foram feitas de acordo com o método descrito por Arekemase et al. [101]. Isto foi feito diluindo o extrato de cada cotilédone de semente (160 mg, 80 mg, 40 mg e 20 mg) em 1 ml de diferentes solventes solúveis nos extractos para dar diferentes concentrações de 160 mg/ml, 80 mg/ml, 40 mg/ml e 20 mg/ml, respetivamente.

### 3.10.5 Determinação da atividade antimicrobiana do extrato de sementes:
A atividade antimicrobiana dos extractos de sementes foi determinada utilizando o método de difusão em ágar bem descrito pelo NCCLS [112], preparando concentrações de 20mg/ml, 40mg/ml, 80mg/ml e 160mg/ml. As experiências de controlo foram efectuadas utilizando 5mg/ml de cloranfenicol. A zona de inibição foi medida com uma régua de medição transparente e o teste de sensibilidade dos extractos de sementes foi feito em duplicado.

### 3.10.6 Concentração inibitória mínima:

A concentração inibitória mínima (CIM) do extrato de semente foi determinada utilizando a diluição em ágar para várias concentrações para a técnica de macro diluição em caldo (Baron e Finegold [113]). A concentração mais baixa do extrato que impediu o crescimento do organismo testado é a CIM.

## 3.11 Estudos hematológicos:

### 3.11.1 Colheita de sangue de frangos de carne:

Após os 2 meses de experiência, as amostras de sangue foram colhidas das asas com seringas e agulhas esterilizadas, de acordo com os requisitos éticos para a utilização de animais em experiências, e colocadas em tubos heparinizados para os estudos. Os estudos hematológicos foram efectuados na unidade de hematologia do Saint Maris Hospital Gwagwalada, Ilishan -Remo, utilizando um analisador automático (analisador hematológico de 3 partes Swelab Alfa da Boule Medicals). Estes foram analisados de acordo com os métodos descritos por Baker et al. [114]. O analisador prepara duas diluições: uma lisada e outra não lisada. Após a medição da primeira diluição, os valores de leucócitos (WBC) e hemoglobina (Hb) são apresentados no ecrã do instrumento; entretanto, o analisador processa a segunda diluição, que mede os eritrócitos (RBC), o hematócrito (Hct) ou o volume de células compactadas (PCV), o volume corpuscular médio (MCV) e a contagem de plaquetas (PLT). A concentração de Hb é medida opticamente utilizando a solução do banho de leucócitos. O agente de lise contém cianeto de potássio que reage com a Hb para formar cianometemoglobina. A intensidade da cor, medida numa cuvete separada, é lida espectrofotometricamente a 540 nm e é proporcional à concentração de hemoglobina. O Hct é um exame que mede o volume de sangue, em percentagem, que é composto por hemácias. Contadores automáticos de células calculam o Hct multiplicando a contagem de hemácias pelo VCM. Os três principais índices de hemácias são usados para determinar o tamanho médio e o conteúdo de hemoglobina das hemácias, e ajudam a determinar a causa da anemia. O VCM é o tamanho médio das hemácias expresso em femtolitros (fl). O VCM é medido por contadores electrónicos de células, normalmente dividindo a soma dos volumes celulares pela contagem de hemácias. A hemoglobina corpuscular média (HCM) é a quantidade média de hemoglobina dentro de uma hemácia, expressa em pictogramas. A HMC é calculada dividindo a Hb pelo Hct. A média do histograma de distribuição de hemácias, com base na impedância eléctrica, é o VCM.

## 3.12 Exame histológico:

### 3.12.1 Preparação dos tecidos:

Após os 2 meses da experiência, os frangos foram sacrificados sob anestesia suave com clorofórmio após jejum noturno. O fígado, o coração, os rins, os pulmões e o baço foram prontamente excisados logo após a decapitação, pesados e armazenados em formalina a 10% durante 24 horas para permitir uma fixação adequada.

### 3.12.2 Exame histológico:

O exame histopatológico foi efectuado na Unidade de Histologia do Hospital Geral de Asokoro, Abuja. As secções foram embebidas em parafina, cortadas em secções de 5 µm, preparadas de forma rotineira e coradas com hematoxilina e eosina (H e E) para alterações histopatológicas e fotomicrografia utilizando um microscópio de luz, equipado com câmara digital para exame histológico.


### 3.13  Análise estatística:

As diferenças entre os grupos experimental e de controlo foram determinadas com recurso ao software Statistical Package of Social Science (SPSS) for Window XP Software Programme (versão 13.0). As comparações entre grupos foram efectuadas utilizando o teste de análise de variância (ANOVA) de uma via. A análise antimicrobiana foi efectuada utilizando o teste de análise de variância (ANOVA) de uma via. As diferenças significativas entre os grupos de controlo e os grupos experimentais foram avaliadas por diferença mínima significativa (LSD) para testar a significância a $p< 0,05$. Todos os dados foram expressos como média ± SEM.

# CAPÍTULO QUATRO

## 4.0 RESULTADO E DISCUSSÃO:

As propriedades de promoção da saúde ou deletérias das plantas têm sido largamente atribuídas à sua vasta gama de fitoquímicos (Arshad et al., [116]). Este estudo foi efectuado para determinar os constituintes fitoquímicos, a composição proximal, a composição vitamínica, os metais pesados, a eficácia antimicrobiana e o efeito de diferentes percentagens de aditivo nas alterações hematológicas e patológicas em frangos de carne.

### 4.1 Peso das aves de corte:

O peso dos frangos de carne é apresentado na Tabela 1. O peso dos frangos de carne na semana de adaptação foi significativamente mais elevado no grupo 1, no grupo 2 e no grupo 3 do que no grupo 4 e no grupo 5 (p<0,05). O resultado desta análise indica que há um aumento gradual do peso dos frangos de carne alimentados com diferentes percentagens de cotilédone de Chrysophyllum albidum como aditivo alimentar, em comparação com o grupo de controlo. Este aumento do peso dos animais tratados é uma indicação de que o Chrysophyllum albidum não exerceu qualquer efeito deteriorativo no crescimento dos animais. O aumento do peso dos animais sugere que estes acumularam cada vez mais calorias ao consumirem mais da dieta experimental. Este resultado está de acordo com as descobertas de Ajayi e Ifedi [117].

**Quadro 1: Peso dos frangos de carne registado semanalmente durante o período experimental**

| Tratamento Período | Grupos Grupo 1 | Grupo 2 | Grupo 3 | Grupo 4 | Grupo 5 |
|---|---|---|---|---|---|
| Adaptação | 0.74 ± 0.12a | 0.72 ± 0.01a | 0.72 ± 0.00a | 0.69 ± 0.02b | 0.68 ± 0.12b |
| Semana 1 | 0.88 ± 0.01a | 0.83 ± 0.01a | 0.83 ± 0.01a | 0.83 ± 0.01a | 0.82 ± 0.00a |
| Semana 2 | 1.27 ± 0.00b | 1.18 ± 0.04b | 1.37 ± 0.06a | 1.25 ± 0.01b | 1.26 ± 0.02b |
| Semana 3 | 1.72 ± 0.26a | 1.55 ± 0.02b | 1.57 ± 0.01b | 1.58 ± 0.01b | 1.62 ± 0.02b |
| Semana 4 | 2.10 ± 0.01a | 1.83 ± 0.04b | 1.94 ± 0.01b | 1.99 ± 0.01b | 2.05 ± 0.13a |

**Os valores são expressos como média ± SEM. Os valores na mesma linha com diferentes sobrescritos são significativamente diferentes a P< 0,05.**

## 4.7 Análise aproximada:

A composição proximal da Chrysophyllum albidum (maçã estrela africana) é apresentada no Quadro 2. O resultado da análise proximal indicou que o teor de humidade do material vegetal era de 11,47 ± 0,10%, o teor de cinzas era de 1,74 ± 0,02%, a fibra bruta e a gordura bruta eram de 2,42 ± 0,02% e 3,28 ± 0,04%, respetivamente, enquanto o extrato isento de azoto era de 0,51 ± 0,00%, a proteína bruta era de 1,86 ± 0,01%, enquanto os hidratos de carbono eram de 81,64 ± 0,06% e uma energia bruta de 1,52 kcal. A energia bruta observada neste estudo está de acordo com o relatório de Ibrahim et al. [118]. Os autores relataram uma energia bruta de 1,53 kcal do pericarpo da casca da semente de C. albidum. No entanto, o teor de humidade, proteína bruta, gordura, fibra bruta, teor de cinzas e hidratos de carbono relatados por [118] foram diferentes dos valores observados neste estudo. A diferença pode ser atribuída às diferentes partes de C. albidum estudadas. O resultado da análise proximal do cotilédone de Chrysophyllum albidum indica que é rico em hidratos de carbono e, por isso, tem uma energia bruta elevada (1,52 kcal). Este resultado está de acordo com a composição proximal da farinha de C. albidum relatada por [117]. Os autores relataram que a farinha de sementes de C. albidum tinha a seguinte composição proximal; 9,93 ± 0,04% de humidade, 8,14 ± 0,13% de proteína bruta, 12,82 ± 0,04% de gordura bruta, 2,84 ± 0,23% de fibra bruta, 2,32 ± 0,02% de cinzas e 66,79 ± 0,12% de hidratos de carbono.

**Quadro 2: Valor da composição proximal do cotilédone de c.albidum**

| Parâmetro (%) | Valores |
| --- | --- |
| Humidade | 11.47 ± 0.10 |
| Cinzas | 1.74 ± 0.02 |
| Fibra bruta | 2.42 ± 0.02 |
| Gordura bruta | 3.28 ± 0.04 |
| Extrato isento de azoto | 0.51 ± 0.00 |
| Energia bruta | 1518 ± 2.00 |
| Proteína bruta | 1.86 ± 0.01 |
| Hidratos de carbono | 81.64 ± 0.06 |

**Os valores são expressos como média ± SEM.**

## 4.3 Análise de metais pesados/minerais:

A análise dos metais pesados é indicada no quadro 3. O resultado da análise indicou que a chávena tinha uma concentração de 2,44 ± 0,00 mg/kg, ferro (2,24 ± 0,03 mg/kg), potássio (1,32 ± 0,00 mg/kg), magnésio (1,26 ± 0,00 mg/kg), cálcio (0,94 ± 0,00 mg/kg), níquel (0,51 ± 0,02 mg/kg), crómio (0,16 ± 0,01 mg/kg), cádmio (0,03 ± 0,00 mg/kg). O resultado da análise de metais pesados foi inferior ao dos metais pesados registados por [117]. Os autores registaram 5100,00 mg/kg de potássio, 2100,00 mg/kg de magnésio, 1960,00 mg/kg de cálcio, 210,00 mg/Kg de sódio, 47,20 mg/kg de ferro, 24,20 mg/kg de manganês, 12,90 mg/kg de cobre e 6,70 mg/kg de zinco. Os autores também referiram a ausência de níquel, crómio e chumbo, que estavam presentes neste estudo. Os minerais são essenciais para a regulação de uma série de membranas celulares, permeabilidade, contração muscular, função cardíaca, vestuário sanguíneo, síntese de proteínas e de sangue vermelho (Aremu et al., [119]). Estes minerais essenciais são componentes importantes da dieta diária. O elevado teor de potássio, magnésio, ferro, cálcio e cobre no extrato é uma indicação de que o fruto de C. albidum pode fornecer alguns minerais essenciais necessários para uma vida saudável.

**Quadro 3: Metais pesados/Minerais do cotilédone de C.albidum**

| Minerais (mg/100g) | Valores |
| --- | --- |
| Ferro (Fe) | 2.24 ± 0.03 |
| Crómio (Cr) | 0.16 ± 0.01 |
| Níquel (Ni) | 0.51 ± 0.02 |
| Chumbo (Pb) | 0.06 ± 0.02 |
| Cádmio (Cd) | 0.03 ± 0.00 |
| Cupper (Cu) | 2.44 ± 0.00 |
| Manganês (Mn) | 0.62 ± 0.02 |
| Sódio (Na) | 0.26 ± 0.00 |
| Magnésio (Mg) | 1.26 ± 0.00 |
| Cálcio (Ca) | 0.94 ± 0.00 |
| Potássio (K) | 1.32 ± 0.00 |

**Os valores são expressos como média ± SEM.**

## 4.4 Fitoquímicos:

A análise fitoquímica quantitativa do extrato bruto do cotilédone de Chrysophyllum albidum indicou que este era rico em fenólicos, oxalatos, saponinas, flavonóides, terpenóides, filatos e taninos. O resultado da análise (Quadro 4) indicou que o extrato tinha uma quantidade elevada de oxalatos, flavonóides e terpenóides. Ajayi e Ifedi [117] relataram a presença de saponina, flavonóides e alcalóides no pó de sementes de Chrysophyllum albidum. As quantidades fitoquímicas observadas neste estudo foram inferiores às registadas por Ibrahim et al.[118]. Ibrahim et al. [118] estudaram os constituintes fitoquímicos quantitativos do pericarpo da semente de Chrysophyllum albidum, da polpa do fruto e da casca do fruto. Os autores referiram que o pericarpo da semente tinha um teor significativamente mais elevado de alcalóides, taninos, flavonóides e vitamina C em comparação com o pericarpo do fruto e a casca do fruto.

**Tabela 4: Componentes fitoquímicos quantitativos do cotilédone da semente de C. albidum**

| Vitaminas | Valores |
|---|---|
| Fenólicos | $0.48 \pm 0.02$ |
| Oxalatos | $1.18 \pm 0.15$ |
| Saponinas | $0.55 \pm 0.02$ |
| Flavonóides | $1.15 \pm 0.06$ |
| Terpenóides | $1.24 \pm 0.03$ |
| Filatos | $0.20 \pm 0.02$ |
| Taninos | $0.84 \pm 0.01$ |

**Os valores são expressos como média $\pm$ SEM.**

## 4.5 Vitaminas:

A análise vitamínica de C. albidum é apresentada no Quadro 5. O resultado da análise indica que o teor de ácido ascórbico foi elevado em comparação com a niacina, riboflavina e tiamina. Isto está de acordo com as descobertas de Ibrahim et al. [118] que relataram um alto teor de ácido ascórbico no pericarpo da semente de C. albidum.

**Quadro 5: Teor quantitativo de vitaminas de C. albidum**

| Vitaminas | Valores |
|---|---|
| Niacina (B1) | 0.0046 ± 0.001 |
| Riboflavina (B2) | 0.0035 ± 0.007 |
| Tiamina (B3) | 0.0064 ± 0.005 |
| Ácido ascórbico (C) | 0.5542 ± 0.172 |

**Os valores são expressos como média ± SEM.**

## 4.6 Análise antimicrobiana:

A análise antimicrobiana para extractos de cotilédones não mostrou qualquer atividade em concentrações inferiores a 160 mg/ml. A CIM, como se mostra no Quadro 6, para diferentes extractos foi a uma concentração de 160 mg/ml. O resultado d a análise antimicrobiana indica que a Escherichia coli foi significativamente suscetível a todos os extractos em comparação com outras bactérias estudadas. A bactéria (E. coli) foi altamente suscetível ao extrato aquoso (p<0,05). A Pseudomonas aeruginosa só foi suscetível aos extractos de etanol e de acetato de etilo. Staphylococcus aureus foi altamente suscetível aos extractos de hexano e etanol. Bacillus spp. e Candida albicans apresentaram a menor suscetibilidade aos extractos testados. Este resultado está de acordo com as conclusões de Akin-Osanaiye et al. [24]. Akin-Osanaiye et al. [24] estudaram a eficácia antibacteriana do extrato de C. albidum. Os autores relataram que o extrato de C. albidum inibiu com êxito o crescimento de Pseudomonas aeruginosa, Escherichia coli e Staphylococcus aureus. O seu estudo indicou que E. coli, Staphylococcus aureus e P. aeruginosa eram susceptíveis ao extrato de etanol em todas as concentrações estudadas. A análise antimicrobiana indicou que Bacillus spp. tinha uma fraca suscetibilidade aos extractos de C. albidum. Este resultado está de acordo com as conclusões de Oputah et al. [120]. Os autores referiram que todas as bactérias testadas eram susceptíveis ao extrato de sementes de C. albidum em etanol, exceto Bacillus cereus. Oputah et al. [120] também referiram que Escherichia coli, Pseudomonas aeruginosa e Proteus vulgaris apresentaram uma suscetibilidade significativa ao extrato etanólico de C. albidum.

**Tabela 6: Valores de CIM antimicrobianos dos extractos de C.albidum**

| Diâmetro da Zona de Inibição a 160 mg/ml | | | | |
| --- | --- | --- | --- | --- |
| Organismos Hexano Aquoso Etanol Acetato de etilo Extrato Extrato Extrato Controlo | | | | |
| Candida albicans | NZ | $13.0 \pm 0.71$ | $9.0 \pm 1.41$ | NZ21   ,0 ± 1,40 |
| Bacillus spp. | NZ | $8.0 \pm 2.83$ | $10.0 \pm 1.40$ | $5.0 \pm 0.0018$   .0 ± 0.00 |
| Staphylococcus spp. | $19.0 \pm 0.70$ | NZ | $18.0 \pm 0.60$ | NZ25   .0 ± 0.20 |
| E. coli | $14.0 \pm 0.71$ | $20.0 \pm 2.12$ | $15.0 \pm 0.14$ | 13.0± 0.40 35.0 ± 0.56 |
| P. aeruginosa | NZ | NZ | $13.0 \pm 0.50$ | $14.0 \pm 0.40$ 24.0 ± 0.30 |

**NZ = Sem zona de inibição. Os valores são a Zona de Inibição ± SEM (Erros Padrão das Médias)**

## 4.7 Análise hematológica:

Os parâmetros de hemoglobina estão indicados na Tabela 7. A concentração total de glóbulos brancos foi significativamente mais elevada no grupo de tratamento 5 ($p<0,05$) em comparação com outros grupos, incluindo o controlo (grupo 1). Não houve diferença significativa na concentração de glóbulos vermelhos em todos os grupos de tratamento. A concentração de hemoglobina foi significativamente maior nos grupos 3 e 4 ($p<0,05$) em comparação com os outros grupos. Os valores percentuais de hematócrito no grupo 4 foram significativamente maiores do que nos outros grupos ($p<0,05$). A concentração média de hemoglobina corpuscular foi significativamente maior no grupo 4 e menor no grupo 5 ($p<0,05$). O número de plaquetas foi significativamente maior no grupo 5 e menor no grupo 2 ($p<0,05$). No entanto, não houve diferença significativa no volume corpuscular médio em todos os grupos de tratamento ($p>0,05$). Os parâmetros hematológicos revelam o efeito deletério dos compostos estranhos nos constituintes sanguíneos dos animais. Podem também ser utilizados para determinar possíveis alterações nos níveis de biomoléculas, produtos metabólicos, hematologia, funcionamento normal e histomorfologia dos órgãos. As plaquetas do grupo de tratamento 5 eram significativamente mais elevadas do que as do grupo de controlo e dos outros grupos de tratamento. A hemoglobina corpuscular média (MCV) e a concentração de hemoglobina corpuscular média (MCHC), que são índices de glóbulos vermelhos utilizados na classificação de tipos de anemia, não mostraram qualquer sinal de anemia nos animais experimentais.

**Quadro 7: Índices heamatológicos médios para os animais experimentais e de controlo**

| Características | Hemoglobina Grupo 1 | Grupo 2 | Grupos de tratamento Grupo 3 Grupo 4 | Grupo 5 |
|---|---|---|---|---|
| LEUCÓCITOS (109/L) | 197.1 ± 38.73b | 209.8 ± 43.15b | 128,5 ± 3,50c 123,1 ± 1,33c | 253.3 ± 1.67a |
| HEMÁCIAS (1012/L) | 1.73 ± 0.37 | 1.97 ± 0.34 | 1.45 ± 0.15 1.50 ± 0.12 | 2.37 ± 0.15 |
| Hb (g/dL) | 15.50 ± 2.83b | 13.60 ± 3.20b | 19,85 ± 0,25a 20,30 ± 0,15a | 10.63 ± 0.09b |
| Hct (%) | 26.73 ± 5.15b | 28.60 ± 4.11b | 21,90 ± 3,70b 25,30 ± 0,40b | 36.93 ± 0.29a |
| MCHC (g/dL) | 45.55 ± 16.7b | 55.03 ± 21.38b | 51,15 ± 27,15b 80,50 ± 0,59a | 29.0 ± 0.40c |
| VCM (fl) | 160.63 ± 1.95a | 147.2 ± 4.34a | 157,0 ± 3,00a 158,73 ± 1,39a | 158.2 ± 8.30a |
| Plaquetas (109/L) | 70.00 ± 9.25b | 36.33 ± 9.35c | 67,00 ± 14,0b 72,7 ± 1,48b | 116.0 ± 30.53a |

**Os valores são expressos como média ± SEM. Valores na mesma linha com sobrescritos diferentes são significativamente diferentes a P< 0,05. RBC = contagem de glóbulos vermelhos, WBC = contagem de glóbulos brancos, MCV = volume corpuscular médio, MCHC = concentração de hemoglobina corpuscular média, Hb = hemoglobina, Hct = hematócrito.**

## 4.8 Peso do órgão:

O peso dos órgãos dos animais de controlo e dos animais experimentais é apresentado no Quadro 8. O resultado indica que o peso do fígado aumentou significativamente nos grupos de tratamento em comparação com o grupo de controlo (p<0,05). No entanto, não houve diferença significativa no peso do baço, do coração, dos pulmões e dos rins nos grupos de tratamento e de controlo (p>0,05). O peso dos órgãos é um fator importante do estado fisiológico e patológico dos animais. O coração, o fígado, os rins, o baço e os pulmões são os principais órgãos afectados pela reação metabólica causada pelo tóxico (Jothy et al., [121]). O fígado, sendo um órgão-chave no metabolismo e desintoxicação de xenobióticos, é vulnerável a danos induzidos por uma grande variedade de produtos químicos. A ausência de diferença significativa no parâmetro obtido neste estudo é uma indicação de que o Chrysophyllum albidum não afectou o peso dos órgãos.

## Tabela 8: Peso médio dos órgãos vitais

| Órgão | Grupo 1 Grupo 2 | Grupos Grupo 3 Grupo 4 | | Grupo 5 |
|---|---|---|---|---|
| Fígado | 44,33 ± 1,45b 51,00 ± 0,58a | 52.33 ± 0.88a | 53.33 ± 0.33a | 54.00 ± 0.58a |
| Baço | 2,00 ± 0,00a2 ,33 ± 0,33a | 2.33 ± 0.33a | 2.67 ± 0.58a | 2.67 ± 0.33a |
| Coração | 19,00 ± 0,58a 19,00 ± 0,57a | 20.00 ± 0.57a | 19.33 ± 0.67a | 20.00 ± 1.00a |
| Pulmões | 17,30 ± 0,88a17,33 ± 0,57a | 17.00 ± 0.58a | 18.00 ± 1.00a | 18.33 ± 0.33a |
| Rim | 20,00 ± 1,15a 19,33 ± 0,33a | 19.67 ± 0.33a | 20.00 ± 0.58a | 19.67 ± 0.88a |

**Os valores são expressos como média ± SEM. Os valores na mesma linha com diferentes sobrescritos são significativamente diferentes a P< 0,05.**

## 4.9 Análise histopatológica:

A análise histopatológica do tecido dos órgãos é apresentada no Quadro 9. O resultado da análise indica que não foi observada qualquer lesão no coração, fígado, rim e baço dos frangos de carne, tanto no grupo de controlo como no grupo experimental. O resultado da análise histopatológica neste estudo também está de acordo com o estudo de [24]. Os autores relataram um fígado, baço, rim, coração e matéria cerebral normais nos grupos de controlo e experimental. O estudo de [118] também não registou qualquer lesão visível nos órgãos de ratos albinos alimentados com dietas suplementares de Chrysophyllum albidum. O extrato de cotilédone de Chrysophyllum albidum pode estar isento de qualquer efeito deletério a este nível de inclusão. Isto indica que poderia provavelmente ser utilizado como um componente viável de hidratos de carbono na dieta do gado.

**Quadro 9: Exame histopatológico dos órgãos vitais dos frangos de carne**

| Órgãos | Grupos de controlo | Grupos Grupos experimentais |
|---|---|---|
| Coração | Nenhuma lesão visível | Nenhuma lesão visível |
| Fígado | Nenhuma lesão visível | Nenhuma lesão visível |
| Rim | Nenhuma lesão visível | Nenhuma lesão visível |
| Baço | Nenhuma lesão visível | Nenhuma lesão visível |

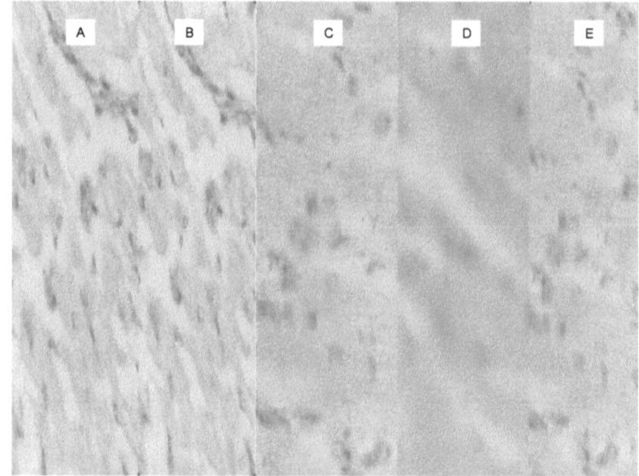

**Figura 1:** Fotomicrografia do tecido cardíaco de frangos de carne (H&E x 100).
Legenda: A= Grupo de controlo
B = Grupo 1
C = Grupo 2
D = Grupo 3
E = Grupo 4

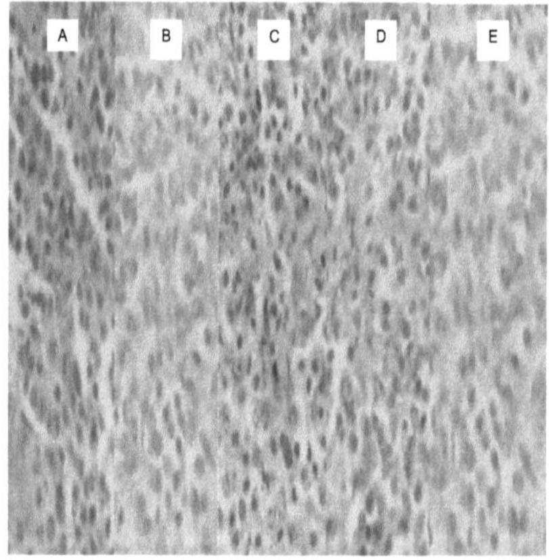

**Figura 2:** Fotomicrografia do tecido do baço de frangos de carne (H&E x 100)
Legenda: A= Grupo de controlo
B = Grupo 1
C = Grupo 2
D = Grupo 3
E = Grupo 4

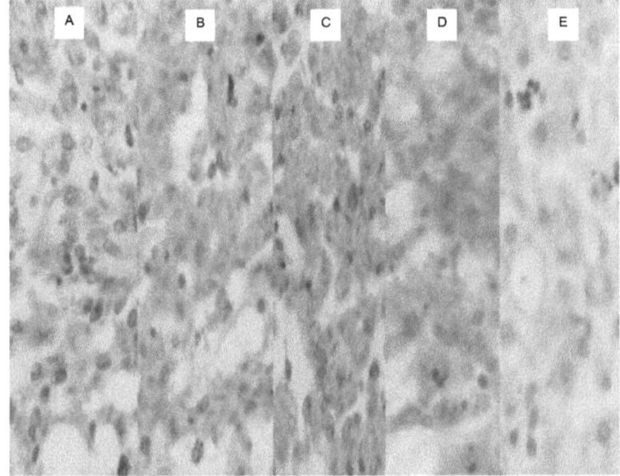

**Figura 3:** Fotomicrografia do tecido renal de frangos de carne (H&E x 100)

Legenda: A= Grupo de controlo

B = Grupo 1

C = Grupo 2

D = Grupo 3

E = Grupo 4

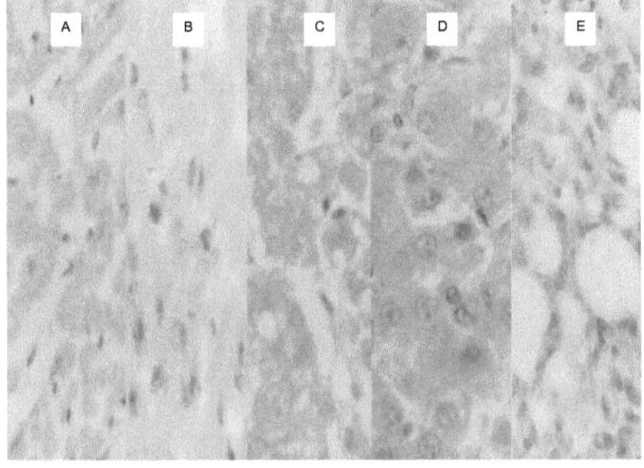

**Figura 4:** Fotomicrografia do tecido dos pulmões de frangos de carne (H&E x 100) Legenda: A= Grupo de controlo

B = Grupo 1

C = Grupo 2

D = Grupo 3

E = Grupo 4

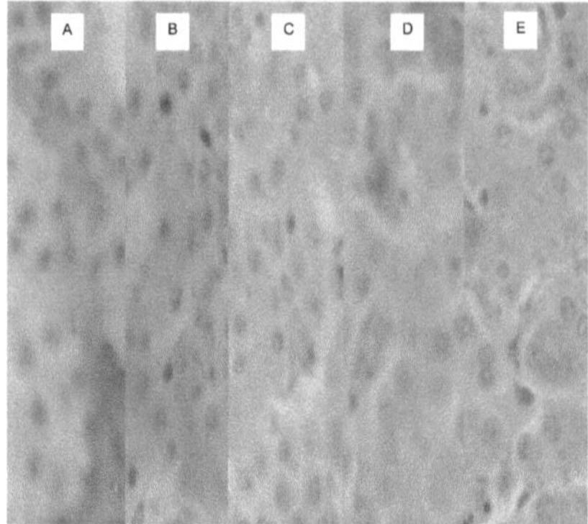

**Figura 5:** Fotomicrografia do tecido hepático de frangos de carne (H&E x 100)

Legenda: A= Grupo de controlo

B = Grupo 1

C = Grupo 2

D = Grupo 3

E = Grupo 4

## 5.0 RESUMO, CONCLUSÃO E RECOMENDAÇÕES:
## 5.1 Resumo:

O Chrysophyllum albidum é vulgarmente designado por maçã branca estrelada, maçã africana estrelada e, na linguagem local nigeriana, Agbalumo (Yoruba) e Udara (Igbos). O fruto de Chrysophyllum albidum está normalmente disponível nos mercados e esquinas da Nigéria durante o início da estação das chuvas. Este estudo foi efectuado para avaliar o Chrysophyllum albidum como aditivo alimentar na dieta de frangos de carne. Este objetivo foi alcançado através da determinação da composição proximal e vitamínica, da composição em metais pesados/minerais, da composição fitoquímica, do efeito hematológico, do efeito antimicrobiano e do efeito histopatológico nos órgãos dos animais experimentais. A lógica subjacente a este estudo foi procurar um suplemento alimentar viável que fosse uma boa fonte de nutrientes, vitaminas, composição de metais essenciais e efeito antimicrobiano na microbiota intestinal dos animais, o que aumentaria a adsorção de alimentos para reduzir o custo geral da alimentação das aves de capoeira. O resultado deste estudo é uma indicação clara de que o cotilédone da semente de Chrysophyllum albidum serviria como um suplemento alimentar viável devido ao seu elevado teor de hidratos de carbono, elevadas quantidades de fitoquímicos que eliminam radicais livres e elevadas quantidades de metais essenciais para o desempenho do crescimento, potente eficácia de supressão antimicrobiana contra a microbiota intestinal, nenhum efeito deletério visível sobre os índices hematológicos dos animais experimentais e nenhum efeito visível sobre a histologia dos pulmões, coração, fígado, rim e baço dos animais experimentais.

## 5.2  Conclusão:

As seguintes conclusões são avançadas a partir do resultado deste estudo. A análise proximal indicou que o cotilédone da semente de C. albidum tinha um elevado teor de hidratos de carbono e uma elevada energia bruta. O cotilédone da semente também tinha uma boa quantidade de proteína bruta, teor de cinzas, fibra bruta e teor de humidade. Isto mostra que o C. albidum é um suplemento alimentar viável. O peso dos animais experimentais aumentou à medida que a percentagem de aditivos alimentares aumentou. Este facto é atribuído ao elevado teor de hidratos de carbono, fibra bruta, gordura e proteína do C. albidum. A análise fitoquímica quantitativa indicou que o cotilédone da semente de C. albidum era rico em fitoquímicos que eliminam radicais livres, tais como fenólicos, flavonóides e filatos. O cotilédone da semente também era rico em saponinas, taninos, oxalatos e terpenóides. A análise antimicrobiana indica que os extractos do cotilédone da semente de C. albidum foram altamente eficazes contra Staphylococcus spp. e Escherichia coli. Os extractos de sementes exibiram um efeito antimicrobiano fraco contra Candida albicans e Bacillus spp. A potente eficácia antimicrobiana dos extractos de plantas contra Staphylococcus spp. e Escherichia coli pode ser atribuída à vasta gama de fitoquímicos nos extractos. A análise hematológica indicou que não houve redução da hemoglobina, do volume corpuscular médio e da concertação da hemoglobina corpuscular média nos animais experimentais em comparação com os grupos de controlo. No entanto, verificou-se um ligeiro aumento da hemoglobina e do hematócrito dos grupos experimentais em comparação com o grupo de controlo. Este aumento pode ser atribuído ao elevado teor de ferro no cotilédone da semente de C. albidum. O resultado do efeito do cotilédone da semente no peso do órgão é uma indicação de que o material da planta não mostrou qualquer inflamação marcada ou aumento no tamanho do coração, rim, pulmões e baço dos grupos experimentais em comparação com o grupo de controlo. Isto também está de acordo com a análise histopatológica que não mostrou qualquer sinal de lesão visível nos grupos experimentais e de controlo. O cotilédone da semente de Chrysophyllum albidum, tal como observado neste estudo, exibiu um efeito antimicrobiano potente, uma composição rica em nutrientes e proximidades, quantidades elevadas de elementos essenciais e quantidades reduzidas de metais tóxicos. Estas características do material vegetal, juntamente com o  baixo custo de recolha do cotilédone de sementes e os procedimentos simples de moagem, tornam-no um candidato viável como aditivo para a alimentação animal.

## 5.3 Recomendações:

Este estudo demonstrou que os cotilédones de sementes de Chrysophyllum albidum podem ser utilizados como aditivos na alimentação de frangos de carne a taxas de inclusão de 30%, no máximo, e a sua potência antimicrobiana permite-lhe anular o efeito da microflora em frangos de carne. No entanto, é necessária mais investigação para verificar a eficácia em percentagens mais elevadas

## 5.4 Contribuições para o conhecimento:

Os cotilédones de sementes de Chrysophyllum albidum podem ser utilizados como aditivos em alimentos para frangos de carne a taxas de inclusão permitidas de 5%, 10%, 15% e 20%, uma vez que têm o potencial nutritivo e antibiótico exigido para um aditivo. Não podem certamente ser utilizados apenas como alimentos para animais devido ao teor de níquel.

# REFERÊNCIAS

(1) Farid, S.M (2009). Horários de alimentação para frangos de carne. Worlds poultry sciences Journal: 65(03), 393-40.

(2) Fisayo, F., Gbenro, A., Tunde , A e Jesusegun, A. (2016, 27 de agosto). As galinhas são obrigadas a saltar refeições porque a alimentação das aves aumenta 100 por cento. Punch, p.4. Obtido em http://www.punching.com

(3) Eddy, N. O. e Udo, C. L. (2004). O valor energético de algumas sopas da Nigéria. Jornal de Nutrição do Paquistão, 3:101-103.

(4) Amaechi, N.C. (2009). Avaliação nutritiva e anti-nutritiva de sementes de kola maravilhosa (Buccholziacoricea). Pakistan Journal of Nutrition: 8,1120-1122.

(5) Onweluzo, J. C., Obanu, Z. A. e Onuoha, K. C. (1994). Propriedades funcionais de algumas leguminosas tropicais menos conhecidas. Journal for Food Science and Technology: 31,450-454.

(6) Bada, S.O. (1997). Preliminary information on the ecology of Chrysophyllum albidum G. Don in West and Central Africa.Proceedings of National Workshop on the potentials of Star Apple in Nigeria, pp. 16-25.03.
(7) Aves de capoeira  alimentação(2017). Wiki  love Africa. Recuperado de https://www.pssurvival.com/PS/Animal_Production/Poultry
/Alimentos para aves de capoeira-2017.pdf

(8) Heuser, G.F (1955). Feeding Poultry (Alimentação de Aves). Norton creek press. pp. 527- 626

(9) Jacob, J (2018, Jan.24). Nutrição básica de aves de capoeira. Recuperado de http://www.articles.extension.org
(10) Davvid, F (2008). Princípios da alimentação de pequenos bandos de galinhas em casa. Obtido em http://www.articles.cooeperative extension.org

(11) Keneth, w e Scoth, B (2012) poultry nutrition information for small flocks. Retirado de http://www.articles.extension.org
(12) Benadine (2017). Aminoácidos na nutrição de aves. Agric4profit.

(13) Cheeke,P.R. e Shull, L.R. (1985). Taninos e compostos polifenólicos. In:

Natural Toxicants in Feeds and Poisonous Plants. Editora AVI, EUA.

(14) Akande, K.E. e Fabiyi, E.F. (2010). Efeito dos Métodos de Processamento em Alguns Factores Anti-nutricionais em Sementes de Leguminosas para Alimentação de Aves: 9 (10): 996-1001, 2010, ISSN 1682-8356.

(15) Igile, G.O. (1996). Estudos fitoquímicos e biológicos sobre alguns constituintes das folhas de Vernonia amygdalina (compositae). Tese de doutoramento, Departamento de Bioquímica, Universidade de Ibadan, Nigéria. Ikemefuna

(16) D'Mello, J.P & Macdonald, A.M.(1998). Fungal toxins as disease elicitors.Gordon and Breach Science Publishers.pp.253-289. Amesterdão, Países Baixos,

(17) Habtam, F e Negussie,R. (2014). Factores anti-nutricionais em alimentos vegetais: Potenciais benefícios para a saúde e efeitos adversos. Jornal Internacional de Nutrição e Ciências Alimentares. 3(4): 284- 289.

(18) Soetan, K.O (2008). Efeitos farmacológicos e outros efeitos benéficos dos factores antinutricionais nas plantas. -Uma revisão. Afr. J. Biotechnol. 7(25): pp 4713- 4721.

(19) Adebayo ,A.H, Abolaji, A.O, Kela, R, Ayepola, O.O, Olorunfemi, T.B e Taiwo, O.S. (2011). Actividades antioxidantes das folhas de Chrysophyllum albidum. Pak J Pharm Sci.24 (4): 545-51.

(20) Ehiagbonare, J.E, Onyibe, H.I e Okoegwale, E.E.( 2008) Estudos sobre o isolamento de plântulas normais e anormais de Chrysophyllum albidum: Um passo para a gestão sustentável do táxon no século XXI. Sci. Res Essay.;3(12):567-570.

(21) Amusa, N.A, Ashaye, O.A e Oladapo, M.O.( 2013). Biodeterioração da maçã estrela africana (Chrysphylum albidum) no armazenamento e o efeito sobre o seu valor alimentar.Afr. J. Biotechnol: 2(3), 56-59.

(22) Oboh, I.O, Aluyor, E.O e Audu, T.O (2009). Utilização de Chrysophyllum albidum para a remoção de iões metálicos de uma solução aquosa. Pesquisa Científica e Ensaio; 4 (6): 632-635.

(23) CENRAD, 1999. Centro de gestão, investigação e desenvolvimento dos recursos naturais renováveis do ambiente. Publicação n° CEN. 011/1999 85, Jericó, Ibadan

(24) Akin-Osanaiye BC, Gabriel AF, Salau TO, Murana OO (2018). Semente de Chrysophyllum albidum como aditivo na alimentação agrícola e um potente

antimicrobiano.Direct Research Journal of Agriculture and Food Science. Vol.6 (5), pp. 107-113, ISSN 2354-4147.

(25) Svitakova, J., Schmidova,P., Novotna, A., (2014) Recent developments in cattle, pig, sheep and horse breeding (Desenvolvimentos recentes na criação de bovinos, suínos, ovinos e cavalos). Instituto de Ciência Animal, Praga. 83: 327-340.

(26) Fisayo, F., Gbenro, A., Tunde, A e Jesusegun, A. (2016, 27 de agosto). As galinhas são obrigadas a saltar refeições porque a alimentação das aves aumenta 100 por cento. Punch, p.4.Retrieved from http://www.punching.com.

(27) Dibner, J. e Richards, J. (2005). Antibióticos promotores de crescimento na agricultura: história e modo de ação. Poult. Sci. 84(4), 634- 643.

(28) Upadhayay, U. e Vishwa, U. (2014). Promotores de crescimento e novos aditivos alimentares que melhoram a produção e a saúde das aves, princípios bioativos e aplicações benéficas: As Tendências e Avanços - Uma Revisão. Int. J. Pharm.10 (3), 129- 159.

(29) Comissão Europeia, (1998). Regulamento da Comissão que altera a Diretiva 70/524/CEE do Conselho relativa aos aditivos na alimentação para animais no que respeita à retirada da autorização de determinados antibióticos. N.º VI/7767//98, Bruxelas, Bélgica.

(30) Yamat,C. aditivo alimentar [PowerPoint slides]. Obtido em http:// www.scribd.com/presentation/123615104/Feed-Additives.

(31) Feed Additive Compendium, (2007), The Miller Publishing Company, Minnetonka, Minnesota, EUA.

(32) Barton, M. D. (2000). Utilização de antibióticos nos alimentos para animais e seu impacto na saúde humana.Nutr. Res. Rev. 13(02), 279-299.

(33) Oliver, S. P., Murinda, S. E., e Jayarao, B.M. (2011). Impacto da utilização de antibióticos em vacas leiteiras adultas na resistência antimicrobiana de agentes patogénicos veterinários e humanos: uma revisão exaustiva. Foodborne Pathog. Dis. 8, 337-355. doi:10.1089/fpd.2010.073

(34) Spellberg B., Bartlett J. G., Gilbert D. N. (2013). O futuro do antibiótico e da resistência. N. Engl. J. Med. 368, 299-302 10.1056/NEJMp1215093 [PMC free article] [PubMed].

(35) Gustafson R. e Bowen R. (1997). Antibiotic use in animal agriculture. J. Appl. Microbiol. 83, 531-541 [PubMed.

(36) Lee K.W., Ho Hong Y., Lee S.H., Jang S.I., Park M.S., Bautista D.A. Efeitos de programas de promotores de crescimento anticoccidianos e antibióticos no desempenho de frangos de corte e no estado imunitário. Res Vet Sci. 2012;93:721-728. [PubMed].

(37) Chowdhury, R., Islam, M.J. Khan, M.R. Karim, M.N. Haque, M. Khatun e G.M. Pesti, 2009. Effect of citric acid, avilamycin and their combination on the performance, tibia ash and immune status of broilers.Poult. Sci., 88: 1616-1622.
(38) Russell, S.M. (2003) The effect of airsacculitis on bird weights, uniformity, fecal contamination, processing errors and populations of Campylobacter spp. and E. coli. Poultry Science 82:1326-1331.
(39) Heuer, O.E., Pedersen, K., Andersen, J.S. and Madsen, M. (2001) Prevalence and antimicrobial susceptibility of thermophilic Campylobacter inorganic and conventional broiler flocks. Letters in Applied Microbiology 33:269-274.
(40) Stutz, M. e Lawton, G. (1984) Effects of diet and antimicrobials on growth, feed efficiency, intestinal Clostridium perfringens and ileal weight of broiler chicks. Poultry Science 63:2036- 2042.

(41) Lovland, A. e M. Kaldhusdal, 2001. Desempenho produtivo gravemente afetado em bandos de frangos de carne com elevada incidência de hepatite associada a Clostridium perfringens. Avian Pathology, 30:73-81.
(42) Casewell, M., C. Friis, E. Marco, P. McMullin e I. Phillips, 2003. The European ban on growth-promoting antibiotics and emerging consequences for human and animal health (A proibição europeia de antibióticos promotores de crescimento e as consequências emergentes para a saúde humana e animal). Journal of Antimicrobial Chemotherapy, 52:159-161.
(43) Hughes P., Heritage J. (2002). Antibiotic growth-promoters. Feed Tech 6.8, 20-22

(44) Roura, E., J. Homedes e K.C. Klasing, 1992. A prevenção do stress imunológico contribui para a capacidade de crescimento dos antibióticos dietéticos em pintos. Journal of Nutrition, 122:2383-2390.
(45) Gallo, G. F., and Berg, J. L. (1995).Efficacy of a feed-additive antibacterial combination for improving feedlot cattle performance and health. Can. Vet. J. 36, 223-22.
(46) Yap, M. N. (2013).A vida dupla dos antibióticos. Mo.Med. 110, 320- 324.

(47) Chattopadhyay, M. K., e Grossart, H.P. (2010).Antibiotic resistance, intractable and here's why. BMJ 341:c6848. doi: 10.1136/bmj.c684
(48) Marshall, B. e Levy, S. (2011). Animais de alimentação e antimicrobianos: impacto na saúde humana.Clin. Microbiol. Rev. 24, 718-733. doi:10.1128/CMR.00002-11
(49) Shane, S. M.(2001).Mannan-oligosaccharides in poultry nutrition: Mechanisms and benefits. AlltechSymp, Louisville, KY. Páginas 65-77

(50) Organização Mundial de Saúde, (2001). Workshop conjunto de peritos da FAO/OIE/OMS sobre a utilização de agentes antimicrobianos não humanos e a resistência antimicrobiana: Scientific Assessment. www.who.int/foodsafety/micro/meetingsen/report,pdf.

(51) Cotter, P.F., A. Malzone, B. Paluch, M.S. Lilburn e A.E. Sefton, (2000).Modulation of humoral immunity in commercial laying hens by a dietary prebiotic. Poult. Sci., 79: 38-44.

(52) Talebi, A., B. Amirzadeh, B. Mokhtari e H. Gahri, 2008. Efeitos de um probiótico multi-estirpes (PrimaLac) no desempenho e nas respostas dos anticorpos à vacinação contra o vírus da doença de Newcastle e o vírus da doença infecciosa da bursa em frangos de carne. Avian Pathol, 37: 509-512.

(53) Salim, H.M., H.K. Kang, N. Akter, D.W. Kim e J.H. Kim et al., 2013. Suplementação de microbianos de alimentação direta como alternativa ao antibiótico no desempenho de crescimento, resposta imunitária, população microbiana cecal e morfologia ileal de frangos de carne.Poult. Sci., 92: 2084-2090.

(54) Dhama, K., V. Verma, P.M. Sawant, R. Tiwari, R.K. Vaid e R.S. Chauhan, 2011. Applications of probiotics in poultry: Enhancing immunity and beneficial effects on production performances and health: A review. J. Immunol. Immunopathol., 13: 1-19.

(55) Doyle, E.M., 2001. Alternatives to antibiotic use for growth promotion in animal husbandry, Food Research Institute Report financiado pelo National Pork Producers Council, Universidade de Wisconsin-Madison, Wisconsin-Madison, EUA, p. 15.

(56) Weichselbaum E (2009). Probióticos e saúde: uma revisão das provas. Boletins de Nutrição, 34: 340-373.

(57) Verdenelli MC, Ghelfi F e Silvi S (2009). Propriedades probióticas de Lactobacillus rhamnosus e Lactobacillus paracasei isolados de fezes humanas. Jornal Europeu de Nutrição, 48: 355-363.

(58) Gibson, G.R. e M.B. Roberfroid, 1995. Dietary modulation of the human colonic microbiota: Introducing the concept of prebiotics. J. Nutr., 125: 1401-1412.

(59) Hajati H., Rezaei M., (2010), The Application of Prebiotics in Poultry Production, International Journal of Poultry Science, 9 (3), 298-304.

(60) Callaway T. R., Edrington T. S., Anderson R. C., Byrd J. A., Nisbet D. J. 2008. Gastrointestinal microbial ecology and the safety of our food supply as

related to Salmonella. Journal of Animal Science, 86:E163-E172.

(61) Windisch, W., K. Schedle, C. Plitzner e A. Kroismayr, 2008. Utilização de produtos fitogénicos como aditivos alimentares para suínos e aves de capoeira. J. Anim. Sci., 86: E140-E148.

(62) Ritter, W. F. 1989. Controlo do odor dos resíduos da pecuária: Estado da arte na América do Norte. J. Agric. Eng. Res. 42:51-62.

(63) Schrezenmeir, J., de Vrese, M. (2001) Probiotics, prebiotics, and synbiotics-approaching a definition. Am. J. Clin. Nutr.73, 361S-364S.

(64) Dersjant-Li, Y., K. van de Belt, J. D. van ver Klis, H.Kettunen, T. Rinttila, e A. Awati. 2015. Effectof multi-enzymes in combination with a direct-fed microbial on performance and welfare parameters in broilers under commercial production settings. Journal of Applied Poultry Research 24(1):80- 90.

(65) Bailey SR, Rycroft A, Elliott J. Production of amines in equine cecal contents in an in vitro model of carbohydrate overload (Produção de aminas no conteúdo cecal dos equídeos num modelo in vitro de sobrecarga de hidratos de carbono). J Anim Sci. 2002;80:2656-2662. [PubMed].

(66) Xu, Z.R., M.Q. Wang, H.X. Mao, X.A. Zhan e C.H. Hu, 2003. Efeitos da L-carnitina no desempenho do crescimento, na composição da carcaça e no metabolismo dos lípidos em frangos de carne machos.Poult. Sci., 82: 408- 413.

(67) Griggs, J. P.; Jacob, J. P., 2005: Alternatives to antibiotics for organic poultry production (Alternativas aos antibióticos para a produção avícola biológica). Journal of Applied Poultry Research 14, 750-756.

(68) Tiwari, R., S. Chakraborty, K. Dhama, S. Rajagunalan e S.V. Singh, 2013. Resistência aos antibióticos - um problema de saúde emergente: Causas, preocupações, desafios e soluções - uma revisão. Int. J. Curr. Res., 5: 1880-1892.

(69) Wang, J.P., J.H. Lee, J.S. Yoo, J.H. Cho, H.J. Kim e I.H. Kim, 2010. Efeitos do ácido feniláctico no desempenho do crescimento, microbiota intestinal, peso relativo dos órgãos, características do sangue e qualidade da carne de pintos de carne. Sci., 89: 1549-1555.

(70) Emami, N.K., S.Z. Naeini e C.A. Ruiz-Feria, 2013. Desempenho de crescimento, digestibilidade, resposta imune e morfologia intestinal de frangos de corte machos alimentados com dietas deficientes em fósforo suplementadas com fitase microbiana e ácidos orgânicos. Livestock Sci., 157: 506-513.

(71) Partanen, K., H. Siljander-Rasi, T. Alniuhkoln, K. Suomi e M. Possi, 2002. Performance of growing-finishing pigs fed medium- or high-fibre diets supplemented with avilamycin, formic acid or formic acid-sorbate blend. Livestock Prod. Sci., 73: 139-152.

(72) Peric, L., D. Zikic e M. Lukic, 2009. Aplicação de promotores de crescimento alternativos na produção de frangos de carne.Biotechnol. Anim. Husb., 25: 387-397.

(73) Sahin, K., M. Onderci, N. Sahin, M.F. Gursu e O. Kucuk, 2003. A suplementação dietética com vitamina C e ácido fólico melhora os efeitos prejudiciais do stress térmico nas codornizes japonesas. J. Nutr., 133: 1882-1886.
(74) McKee, J.S. e P.C. Harrison, 1995. Effects of supplemental ascorbic acid on the performance of broiler chickens exposed to multiple concurrent stressors. Poult. Sci., 74: 1772-1785.
(75) Choct, M. e G. Annison, 1992. A inibição da digestão de nutrientes por pentosanos de trigo. Br. J. Nutr., 67: 123-132.

(76) Graham, H., W. Lowgren, D. Pettersson e P. Aman, 1988. Effect of enzyme supplementation on digestion of a barley/pollard- based pig diet.Nutr. Rep. Int., 38: 1073-1079.
(77) Jackson, M.E., D.M. Anderson, H.Y. Hsiao, G.F. Mathis e D.W. Fodge, 2003. Beneficial effect of β-mannanase feed enzyme on performance of chicks challenged with Eimerla sp. and Clostridium perfringens. Avian Dis., 47: 759-763.
(78) Huyghebaert, G., R. Ducatelle e F. van Immerseel, 2011. Uma atualização das alternativas aos promotores de crescimento antimicrobianos para frangos de carne. Vet. J., 187: 182-188.
(79) Steiner T. Gerir a saúde intestinal: Natural growth promoters as a key to animal performance. Nottingham University Press; Manor Farm, Main Street, Thrumpton Nottingham, NG11 0AX, Reino Unido: 2006.
(80) Athanasiadou, S., J. Githiori e I. Kyriazakis. 2007. Plantas medicinais para o controlo de helmintas parasitas: factos e ficção. Animal. 1(9):1392-1400.

(81) Hutchinson, J. e Dalziel, J.M. (1963) Flora of West Tropical Africa Vol.1.
(82) Kantende, A B.; Birnie, A. e Tengas, B. (1995). Useful Trees and Shrubs for Uganda; Regional Soil Conservation Unit RSCU/ SIDA, Nairobi, Kenya.
(83) Irvine, F.R. (1961) Woody Plants of Ghana, Oxford Univ. Press, Londres.
(84) Opeke, L.K. (1982) Tropical tree crops. John Willey and Sons, NY. 312pp.

(85) Okafor, J.C. (1981) Woody plants of nutritional importance in traditional farming systems of the Nigerian humid tropics. Tese de doutoramento, Universidade de Ibadan, pp 178 - 185.

(86) Bada, S.O. (1997) Preliminary information on the ecology of Chrysophyllum albidum G.Don, in West and Central Africa, In : Proceedings of a National Workshop on the Potentials of the Star Apple in Nigeria CENTRAD Nigeria Ibadan.

(87) Keay, R.W.J. (1989) Trees of Nigeria. Claredon Press, Oxford.

(88) Gbile, Z.O. (1997) Taxonomia da maçã-estrela-africana (C. albidum) e espécies relacionadas In: Actas de um Workshop Nacional sobre a Maçã Estrelar na Nigéria, CENTRAD, Nigéria, 11-12pp.

(89) Amusa NA, Ashaye OA, Oladapo MO (2003). Biodeterioração da maçã estrela africana (Chrysophyllum albidum) durante o armazenamento e o efeito no seu valor alimentar. Jornal Africano de Biotecnologia, 2: 56-59.

(90) Ochigbo S. e Paiko, Y. (2011). Efeito da mistura de solventes na caraterística do óleo extraído da semente de Chrysophyllum Albidum, I. J. S.N., Vol 2 (2): 352 - 358.

(91) Sam, S., Akonye, L., Mensah, S. e Esenwo, G. (2008). Extração e Classificação de Lípidos de Sementes de Persa Americana Miller e Chrysophyllum Albidum G. Don. Scientia Africana, Vol 7 (2) pp. 35-38.

(92) Adebayo AH, Tan NH, Akindahunsi AA, Zeng GZ, Zhang YM (2010). Atividade anticancerígena e antirradicalar de Ageratum conyzoides L. (Asteraceae). Revista Phamarcognosy, 6: 62-66.

(93) Umaru, M., Abubakar, G., Mohammed, U. e Usman, Z. (2015). Extração de óleo de semente de Chrysophyllum Albidum: Portão de pesquisa de otimização e caraterização, Vol. 30.

(94) Okoli BJ, Okere OS (2010).Atividade antimicrobiana d o s constituintes fitoquímicos da planta Chrysophyllum albidum G. Don Holl (maçã estrela africana). Jornal de Investigação em Desenvolvimento Nacional, 8(1):11-16.

(95) Idowu, T.O., Iwalewa, E.O, Aderogba, M.A, Akinpelu, B.A, Ogundaini, A.O (2006). Efeitos bioquímicos e comportamentais da eleagnina de Chrysophyllum albidum. Jornal de Ciências Biológicas, 6: 1029-1034.

(96) Olorunnisola ,DS, Amao IS, Ehigie DO, Ajayi ZAF (2008). Efeitos anti-hiperglicémicos e hipoglicémicos dos extractos etanólicos do cotilédone da semente de C. albidumseed em ratos diabéticos induzidos por Alloxan. J. Applied Science. 3: 123-127.

(97) Akubor,P.I., Yusuf,D., & Obiegunam.,J.E. (2013). Composição aproximada e algumas propriedades funcionais da farinha do caroço da maçã estrela africana C. albidum.International Journal of Agricultural Policy and Research Vol.1 (3):062-066.

(98) Gabriel A.F., Murana ,O.O.,Sadam, A.A e Babalola ,S.A.(2018).
Composição aproximada e de metais pesados dos cotilédones de sementes de
Chrysophyllum albidum como um possível aditivo para alimentação animal.
Direct Research Journal of Biology and Biotechnology.4(2),pp.22-26.

(99) Jimoh, F.O,& Olajidi, A.T (2004). Estudos preliminares da semente de
Piliostigmathonningii: Análise aproximada, composição mineral e rastreio
fitoquímico. Jornal Africano de Biotecnologia, 4:1439-1442.

(100) Onyeka ,A., Aligwekwe ,A., Olawuyi T., Nwakanma A., Kalu,E.,&
Oyeyemi A.W (2012). Efeitos antifertilidade dos extractos de raiz etanólica de
ratos albinos machos C. Albidumin.IJARNP vol. 5(1). pp. 12-17.

(101) Anibijuwon II, Udeze OA (2009). Atividade antimicrobiana da Carica
papaya ( folha de papaia) em alguns organismos patogénicos de origem clínica
do sudoeste da Nigéria; Ethno- botanical leaflets, 13: 850 - 864.

(102) Arekemase, M. O., Kayode, R. M. O. e Ajiboye, A. E. (2011). Atividade
antimicrobiana e análise fitoquímica da planta Jatropha curcas contra alguns
microrganismos seleccionados. Revista Internacional de Biologia, 3: 52.

(103) Annongu, A.A., & Abimbola, S. F. (2003). Avaliação bioquímica da
farinha de frutos de Gmelina arborea como alimento para suínos. Biokkemistri
15 (1), 1-6.

(104) Instituto Nacional de Saúde (NIH) (1985). Guide for the care and use of
laboratory Animals (Guia para o tratamento e utilização de animais de
laboratório), Department of Health Education and Welfare, Pp.85 - 123.

(105) AOAC, 1990.Official Methods of Analysis.$^{4th}$ Edition, Association of
Official Analytical Chemists, Washington DC.

(106) Ekanayake, I.J. (1990). Evaluation of Potato and Sweet potato genotypes
for drought Resistance (Avaliação de genótipos de batata e batata-doce quanto à
resistência à seca), CIP, Lima, 1-11.

(107) AOAC (Association of Official Analytical Chemists), (2000).Official
Methods of Analysis International, 17ªed. Washington, DC: AOAC.

(108) Obadoni BO, Ochuko PO (2001). Estudos fitoquímicos e eficácia
comparativa dos extractos brutos de algumas plantas homeostáticas nos Estados
de Edo e Delta da Nigéria.
J. Pure Appl. Sci. 8: 203-208.

(109) Van-Burden TP, Robinson WC (1981).Formação de complexos entre proteínas e ácido tanínico. J. Agric Food Chen. 1: 77- 82.

(110) Boham AB, Kocipai AC (1994) Flavonóides e taninos condensados de folhas de Hawaiian vaccininum vaticulum e vicalycinium. Pacific Sci. 48:458-463

(111) Rahman, M.M., Khan, M.M.R., Hosain, M.M. (2007). Análise do teor de vitamina C (ácido ascórbico) em vários frutos e legumes por espetrofotometria UV. Bangladesh Journal Science Industry Research, 42 (4), 417-424.

(112) National Committee for Clinical Laboratory Standards (NCCLS) (1990): Performance Standard for Antimicrobial Disc usceptibility Test. Norma aprovada M2 - A4, Wiley, PA, EUA.

(113) Baron JE, Finegold SM (1990).Método para testar a eficácia antimicrobiana. In: Baileys Scotts Diagnostic Microbiology. Mosby, C. V. (edição) Missouri. 171 - 194.

(114) Baker, F.J., Silverton, R.E. e Pallister, C.J. (1998).Haematological Estimation. Baker and Silverton's Introduction to Medical Laboratory Technology, 356-360.

(115). Ojinnaka MC, Ebinyasi CS, Ihemeje A, Okorie SU. "Avaliação nutricional de papas de alimentos complementares formuladas a partir de misturas de farinha de soja e amido de taro modificado com gengibre. Advance Journal for food science Tech. 2013; 5: 1325- 1330.

(116) Arshad, H.R., Salah, M.A., Habeeb, A.l., Ali, Y.B. e Sauda, S. (2014). efeitos terapêuticos dos frutos de tâmara (Phoenix dactylifera) na prevenção de doenças através da modulação da atividade anti-inflamatória, anti-oxidante e antitumoral. e atividade antitumoral. Jornal Internacional de Medicina Clínica e Experimental, 7: 483-491.

(117) Ajayi, I.A. e Ifedi, E.N. (2015).Avaliação química e toxicológica preliminar da farinha de sementes de Chrysophyllum albidum na formulação da dieta de ratos albinos.Journal of Environmental Science, Toxicology and Food Technology, 9(6): 59-67.

(118) Ibrahim, H.O., Osilesi, O., Adebawo, O.O., Onajobi, F.D., Karigidi, K.O. e Mohammed, L.B. (2017).Composições de nutrientes e conteúdo fitoquímico de partes comestíveis da fruta Chrysophyllum albidum.Journal of Nutrition and Food Science, 7(2): 1000579.

(119) Aremu, M.O., Olonisakin, A., Otene, I.W. e Atolaiye, B.O. (2005).Mineral content of some agricultural products grown in the middle belt

of Nigeria.Oriental Journal of Chemistry, 21: 419-425.

(120) Oputah, S.I., Mordi, R.C., Ajanaku, K.O., Olugbuyiru, J.A.O., Olorunshola, S.J. e Azuh, D.E. (2016).Propriedades Fitoquímicas e Antibacterianas de Extractos Etanólicos de Sementes de Chrysophyllum albidum (Maçã Estrela Africana).Oriental Journal of Physical Sciences, 1(1&2): 27-30.

(121) Jothy, S.L., Zakaria, Z., Chen, Y., Lau, Y.L., Latha, L.Y. e Sasidharan, S. (2001). Toxicidade oral aguda do extrato metanólico de sementes de Cassia fistulainmice. Molecules, 16:5268-5282.

# ÍNDICE DE CONTEÚDOS

Printed by Books on Demand GmbH, Norderstedt / Germany